JN162225

宇宙はなぜ「暗い」のか？

OLBERSSCHES PARADOXON

オルバースのパラドックスと宇宙の姿

津村耕司 著
Kohji Tsumura

ベレ出版

はじめに
――オルバースのパラドックスから宇宙の不思議を探る

あなたは「なぜ夜は暗いのか」ということを考えたことはあるでしょうか？　夜が暗いなんてあまりに当たり前すぎて、疑問に思ったことさえない人が多いのではないかと思います。けれども、「夜が暗い」ということは実はとても不思議なことで、ただ単に「夜は太陽が沈んでいるから」という説明だけでは不十分なのです。なぜなら、もし宇宙に無数の星が存在すれば、その星からの光で夜空は明るくなってしまうと考えられるからです。これを「**オルバースのパラドックス**」と言って、昔から天文学者を悩ませてきた問題です。

「夜が暗い」ことがなぜ不思議なことなのかは本書のメインテーマなので、ここで本書の内容を少し先取りして、なぜそれが不思議なのかを実感してもらいましょう。

＊　＊　＊

今あなたが森の中に立っているとします。周りには木が生い茂っています。この森がどこまでも広がっているとしたら、あなたは森の外を見ることができるでしょうか？　できなさそうな気がしますよね？

ここで簡単のために、それらの木は全てが同じ種類で同じ太さだとしましょう。同じ太さの木だと言っても、近くにある木は太く見え、遠くにある木は細く見えます。森はどこまでも続いているのだから、手前に見える2本の木の間には、それら手前の木よりも遠くにあって細く見える木が見えるはずです。そしてその木と先ほどの手前の木の間にもさらに遠くの木が見えるはずで、さらにその木と先ほどの木の間にもさらに遠くの木が見えて……という感じで、見渡す限りどの方向を見ても、必ず木が視線を遮り（さえぎ）、外の世界を見ることはできません。

夜空が明るいはずだというのは、これと同じ理屈です。この森の例え話において、森を宇宙に、木を星に置き換えて考えてみましょう。森の例えで全ての木を同じ太さにしたのと同様に、ここでも全ての星を同じ明るさだとしましょう。すると、手前の星は明るく見えますが、その明るい星の間には、より遠くの暗い星が見えるはずで、

その星と星の間には、さらに遠くの星が見えるはずです。このように考えると、先ほどの森の例えと同様に、どの方向に目を向けても必ず星が視線上に存在することになり、何もない「真っ暗な宇宙」は見えないはず、つまり宇宙は星の光で明るいはずだという結論になってしまいます。

（本書2章5節より）

＊　＊　＊

どうでしょう？「夜が暗い」ことが実は不思議なことなんだということが何となくわかっていただけたでしょうか？

オルバースのパラドックスは、「夜が暗い」という当たり前の事柄の背景に、この宇宙はどのように誕生して、現在の宇宙の姿はどのようになっているのかという、壮大な真理が隠されている、とても面白い問題です。

その一方で、残念ながらオルバースのパラドックスについてきちんと日本語で解説した書籍は数少ないのが現状です[1]。そこで本書は、そんなオルバースのパラドックスについて、天文や物理の専門知識を持たない一般の読者にもわかりやすく解説することを目指した入門書です。

このように本書のメインテーマは「オルバースのパラドックス」ですが、ただ一直線にオルバースのパラドックスを説明するだけにとどまらず、オルバースのパラドックスという天文学上の面白い問題をきっかけに、様々な天文学の基礎的な事柄も学んでもらえるように工夫もしました。本書を一読してもらえると、「地球が太陽の周りを回っている証拠」「宇宙で星が光る仕組み」「天の川の正体」「太陽系から銀河に至る宇宙の階層構造」「宇宙がビッグバンで誕生した証拠」といった、天文学上の様々な知識も自然と身に付けてもらえると思います。

また、オルバースのパラドックスで扱う「夜空の明るさ」とは、主に目で見える可視光での宇宙の明るさのことを指しますが、本書ではそれに加えて、宇宙を漂う塵(ちり)によってつくられる赤外線での宇宙の明るさ（3章）、ブラックホールからの放射で作られるX線での宇宙の明るさ（4章）、そしてビッグバンで誕生した直後の宇宙の残り火によるマイクロ波での宇宙の明るさ（5章）についても解説しています。

一方で、「早くオルバースのパラドックスの解答が知りたい（夜が暗い理由を知りたい）」という人は、5章を読んでいただければ解答が見つかります。

では、どうして夜空は暗いのか、長年人類を悩ませてきた謎解きの旅を始めましょう。

2016年12月

津村　耕司

1　『夜空はなぜ暗い?―オルバースのパラドックスと宇宙論の変遷』（著：エドワード・ハリソン、監訳：長沢工）[ref1]という著書があり、本書の執筆においてもこの本は大いに参考にさせていただきました。

目次

【はじめに】——オルバースのパラドックスから宇宙の不思議を探る —— 3

1章 地球上から見た夜空の明るさ

1.1 夜空を見上げてみよう —— 16
天の川の正体 —— 16
「満天の星空」は本当に「満天」か？ —— 19

1.2 光とは？ —— 22
光の速さ —— 22
望遠鏡はタイムマシン —— 24
光をスペクトルに分解する —— 25
目に見えない光 —— 30

1.3 色とりどりな空の色 —— 32
空の青と夕焼けの赤 —— 32
雲の白 —— 35

1.4 光害という公害 —— 37
街明かりを測る地道な取り組み —— 37
人類の1/3が天の川を見ることができない？ —— 38
星空保護区 —— 43

1.5 自然の夜空の明るさ —— 44
明るい月明かり —— 45
大気が光るオーロラ —— 46

2章 宇宙から見た宇宙の明るさ

2.1 太陽系の惑星の動き —— 52
太陽系天体の種類 —— 52
古代ギリシャ人が導き出した地動説 —— 54
金星の満ち欠けが地動説の決定的証拠 —— 58

2.2 太陽系の大きさを測る —— 61
月までの往復時間 —— 62
三角測量による距離の測定 —— 64
金星の日面通過という一大イベント —— 66

2.3 きらきら光る夜空の恒星 —— 71
空気のない宇宙でどうやって燃えている? —— 72
星の人生を巡る —— 73
恒星までの距離 —— 77
天球上での距離を表す角度 —— 78
2.4 天の川の外の世界 —— 81
アンドロメダ星雲? それともアンドロメダ銀河? —— 81
遠くの銀河までの距離を測る —— 82
ハッブルが拡げた宇宙の大きさ —— 86
2.5 オルバースのパラドックス —— 88
実は不思議な夜の暗さ —— 89
過去の偉人たちを悩ませた夜空の暗さ —— 91
「夜空が明るくなるはず」の理由 —— 94

3章 赤外線で見た宇宙の明るさ

3.1 宇宙は宇宙塵(うちゅうじん)に満ちている —— 98
宇宙のスカスカ度合い —— 99
塵も積もれば山となる —— 100
宇宙の地図の描き方 —— 102

3.2 温度と光の関係——105
なぜ星の色が違うのか？——106
宇宙塵の熱放射——108
3.3 赤外線での天文観測——112
地球の大気が邪魔——112
宇宙望遠鏡とは——115
日本初の赤外線宇宙望遠鏡IRTS——120
宇宙の赤外線地図を作った天文衛星「あかり」——123

4章 X線で見た宇宙の明るさ

4.1 ブラックホールの正体——130
ブラックホールからは光でさえ抜け出せない——131
ブラックホールの作り方——133

4.2 明るく輝くブラックホール — 136
光りながらブラックホールに落ちていく — 136
ブラックホールの発見 — 139
ブラックホールが蒸発する？ — 140
4.3 ブラックホールは光を曲げる — 142
重力レンズ効果の観測 — 142
ブラックホールの見え方 — 144
4.4 巨大ブラックホール — 146
活動的な銀河 — 146
ついに検出、重力波 — 148
X線での宇宙の明るさ — 150

5章 夜空が暗い本当の理由

5.1 夜空はどこまで見えている？ — 154
背景限界距離 — 155
1000垓光年という想像を絶する距離 — 158

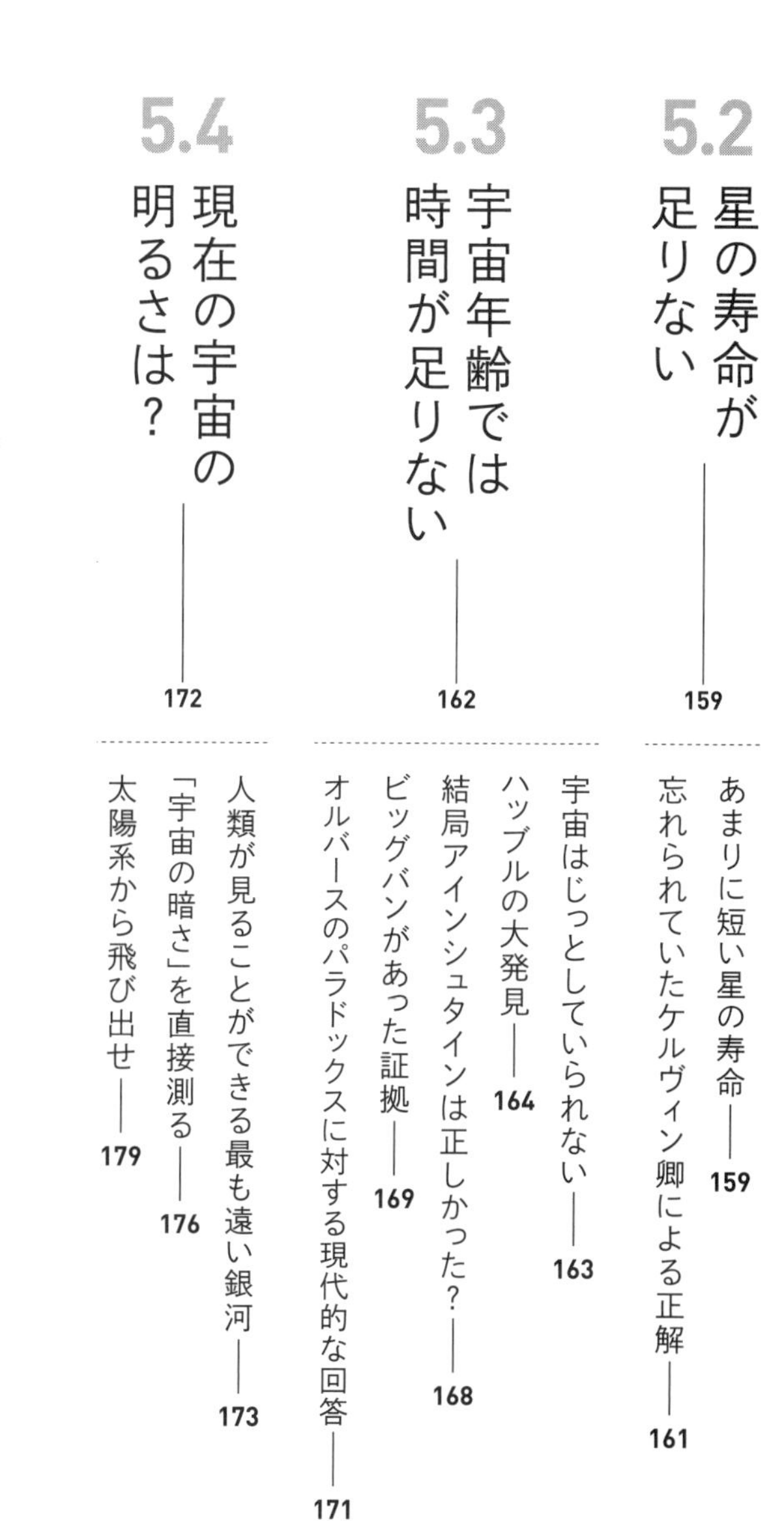

5.2 星の寿命が足りない ―― 159

あまりに短い星の寿命 ―― 159
忘れられていたケルヴィン卿による正解 ―― 161

5.3 宇宙年齢では時間が足りない ―― 162

宇宙はじっとしていられない ―― 163
ハッブルの大発見 ―― 164
結局アインシュタインは正しかった？ ―― 168
ビッグバンがあった証拠 ―― 169
オルバースのパラドックスに対する現代的な回答 ―― 171

5.4 現在の宇宙の明るさは？ ―― 172

人類が見ることができる最も遠い銀河 ―― 173
「宇宙の暗さ」を直接測る ―― 176
太陽系から飛び出せ ―― 179

［おわりに］―― 183
［参考文献］―― 188
［索引］―― 191

1章

地球上から見た夜空の明るさ

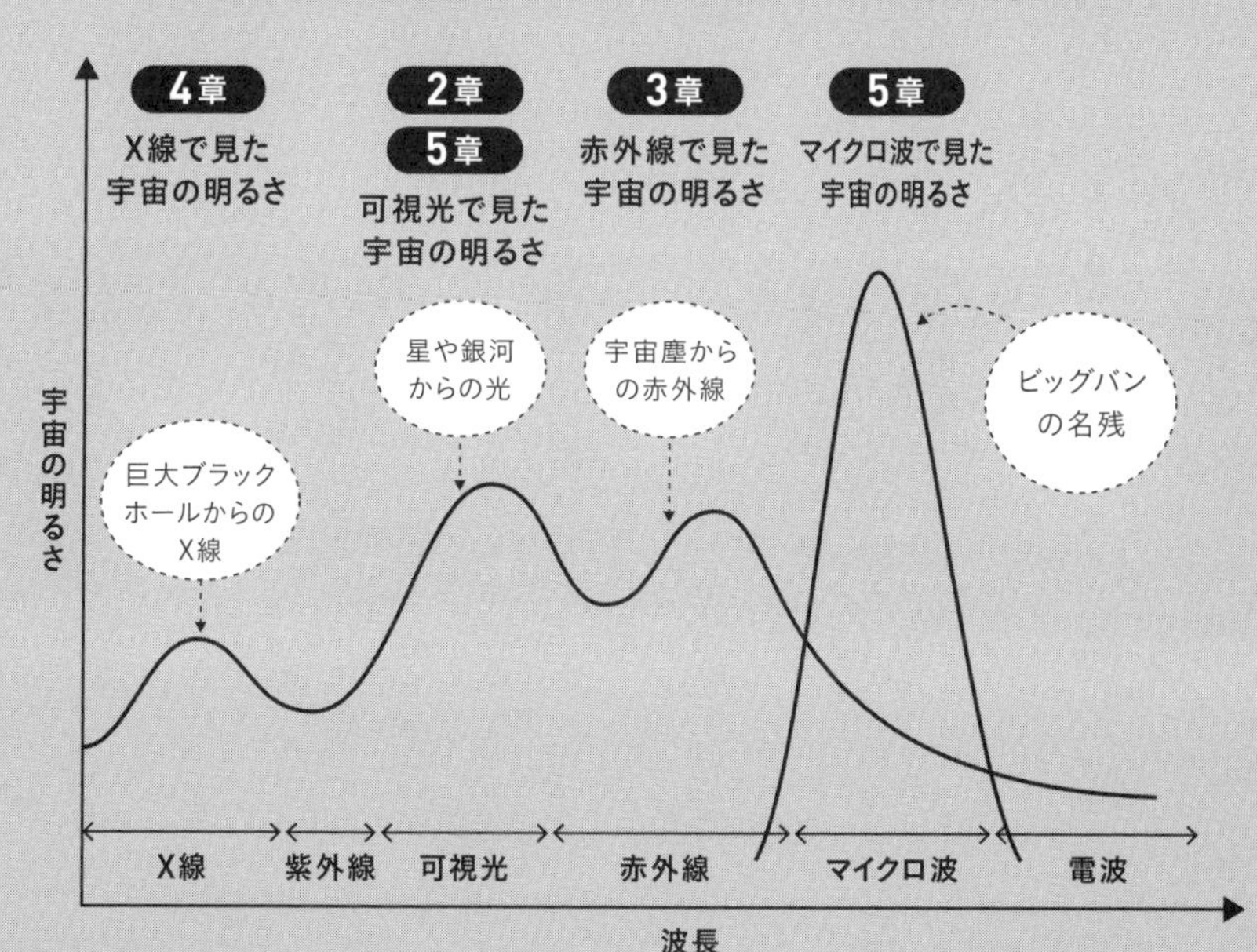

1.1 夜空を見上げてみよう

あなたは**天の川**を見たことはありますか？ もし、あなたが都会に住んでいるのなら、ひょっとしたらまだ天の川を見たことがないかもしれません。人間の眼は6等星[2]の明るさの星まで見ることができると言われていますが、都会だと2等星もやっとでしょう[3]。そのような街中では、天の川は見ることはできません。

一方、あなたがもし街明かりから離れた場所に住んでいるのなら、晴れた夜に空を見上げると、満天の星空[4]の中に淡い光の川のような太い筋が見えることでしょう（図1-1）。見慣れていない人は、そこに雲がかかっていると勘違いしてしまうかもしれません。それがあたかも天にある川のように見えるので、「天の川」と呼ばれています。

天の川の正体

なぜ夜空に淡い光の筋があるのかは長らく謎でしたが、今ではその理由がわかっています。

図 1–1：著者が宮古島で見た天の川

撮影：有松亘（国立天文台）

2　星の明るさを表す等級は、古代ギリシャの哲学者ヒッパルコスが肉眼で見える恒星を明るい順に1等星、2等星……と分類したのが始まりです。肉眼で見える最も暗い星が6等星で、1等星は6等星の100倍の明るさを持つことから、等級が1等違うと、明るさは約2.51倍違うということになります。すなわち、1等星と6等星は等級が5等違うので、2.51の5乗で明るさが100倍違うのです。

3　北極星（ポラリス）が約2等星です。あなたの街から北極星は見えますか？

4　「満天の星空」という表現は「満天の星」の重複表現で誤用とする指摘もありますが、本書では「星」ではなく「空」に意味の重点を置いており、「空全体に星が満ちた、そんな星空」を表現したいと考え、あえてこのように表現しております。

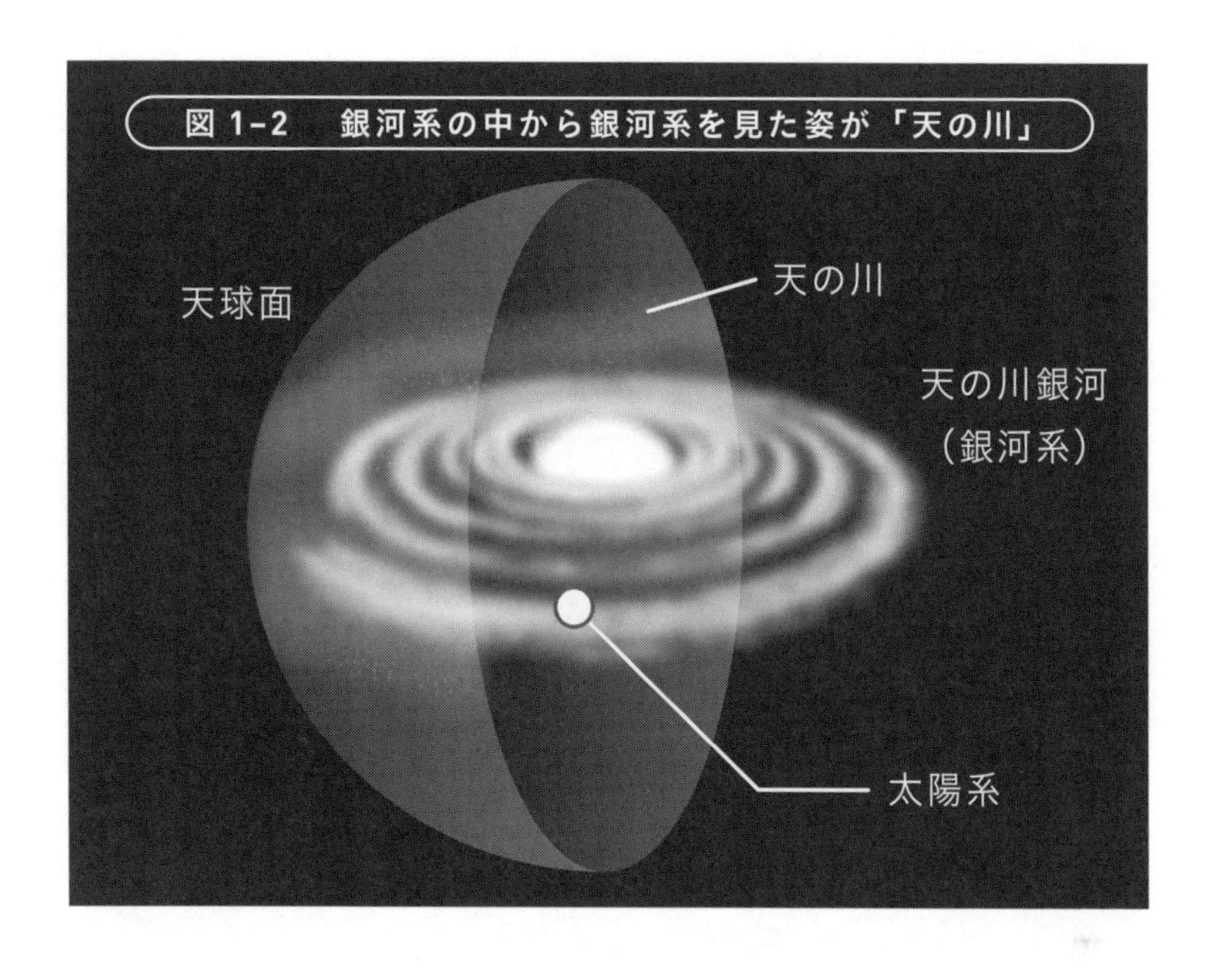

天の川の正体は、私たちが住む**天の川銀河**を中から見た姿なのです（図1-2）。

銀河とは星が約1000億個も集まった星の大集団のことで、この宇宙は数多くの銀河で満たされています。私たちが住む太陽系も、宇宙の中に数多くある銀河の中の1つに存在します。その私たちが住む銀河のことを特別に「銀河系」もしくは「天の川銀河」と呼ぶのです。

「銀河」という言葉と「銀河系」という言葉は非常によく似ていますが、まったく意味が違います。「銀河」は星の集団を指す一般名詞ですが、「銀河系」とはその中でも特に「私たちの住む太陽系が属する銀河」を指す固有名詞なのです。紛らわしいので、「銀河系」のかわりに「天の川銀河」という言葉が最近ではよく使われていて、本書でもそのように表現します。天の川銀河とその外にある他の銀河については、2章4節で再び取り扱います。

夜空を見上げると見える星のほとんどは、（太陽系内の惑星などを除いて）天の川銀河の中に存在する星々です。その中でも特に星が密集している領域が天の川銀河の円盤方向なので、数多くの暗い星が重なり合って、ほんのり淡い川のような光の筋として天の川が見えるのです（図1‐2）。もしまだ天の川を見たことがないという人がいましたら、是非とも暗い山の上などに出かけて、天の川観察にチャレンジしてみてください。そして、私たちが天の川銀河という円盤状の星の大集団の中に住んでいるんだと実感してみてください。

「満天の星空」は本当に「満天」か？

ではなぜ都会の中では天の川を見ることはできないのでしょうか。それは「夜空の明るさ」が違うからです。あなたが夜空を眺めながら街中から離れていく様子を想像してみてください。夜空を照らす邪魔な街明かりはどんどんと弱くなっていき、それまでは星が見えていなかった夜空の領域に、暗くて見えなかった星が見えるようになってくるはずです（図1‐3）。

図 1-3　街明かりのある夜空(左)、街明かりのない夜空(右)

このようにどんどん暗い地域に移動していくと、夜空にどんどん暗い星まで見えるようになっていき、最終的には天の川がきれいな「満天の星空」が見えるはずです。ロマンチックで素敵ですね。

さて、せっかくロマンチックな気分になったところで、ちっともロマンチックじゃない質問をしてしまいますが、「満天の星空」は本当に「満天」でしょうか? 「満天」を字義通りに解釈すると、「天を満たす」ということですが、実際に夜空を埋め尽くすほどの星は見えるのでしょうか?

地球上で最も暗い場所や、あるいは月の裏側などの地球からの邪魔な光が完全にない宇宙から夜空を眺めた場合、確かに「満天の星空」と表現したくなるほど数多くの星を夜空に見ることができるでしょう。とはいえ、背景はあくまで真っ暗で、星が見えない領域は必ずあります。街明かりがなくなるにつれて、見える星の数がどんどん増えていっても、その星は真の意味では夜空を埋め尽くす「満天」にはなりません。

肉眼で見ることができる6等星よりも明るい星は全天で8600個ほどです。その半分は地平線の下ですし、地平線近くの星も見ることは困難なので、夜空を見上げた時に肉眼で見ることができる星の数は、どんなに暗い場所に行ってもせいぜい4000個程度でしょう。つまり、文字どおり夜空を埋め尽くすほどの星は、地球上、いや宇宙のどこに行っても見ることはできないのです。

もし星空が文字通り「満天」で夜空を埋め尽くしたとしたら、夜空は星の明るさで満たされて昼のようにとても明るくなってしまいます（このことについては2章5節で詳しく説明します）。しかし実際はそうはなっていなくて、夜空は暗いのです。なぜでしょうか？

本書は、この一見当たり前に見える「夜空はどうして暗いのか？」という問いかけについて考えていきます。実はこの「夜空の暗さ」を考えていくと、「宇宙の始まり」という途方もない大問題にまで行き着くのです。これから皆さんと一緒に暗い夜空に思いを馳せながら、一緒に宇宙について考えていきましょう。

1.2 光とは？

「明るさ」とは、目にどれだけの光が届いたかということです。たくさんの光が目に届けば「明るい」と感じ、わずかな光しか目に届かなければ「暗い」と感じます。では、光とは何なのでしょうか？　まずはそこから説明していきましょう。

光の速さ

光の特徴で最も重要なのは**光速**、すなわち光の伝播する速度です。光の真空中の速度は常に一定であることが知られていて、これがあのアルバート・アインシュタインの相対性理論の出発点ともなっています。そんな光の速さは秒速299792458m（秒速約30万km）です。「1秒で地球を7周半」とよく表現されます。

真空中の光速は常に一定なので、この値は実測値ではなく、今では光速の値はこれにしましょうという「定義値」となっています。実は光速の他に1秒の長さの定義[5]があって、その

2つのかけ算から、光が1秒間に進む距離が299792458ｍだと長さを定義するというわけです。また、光速はこの宇宙の中で最も速い速度であり、物質であれ情報であれ、宇宙の中を光速より速い速度で伝わるものは原理的に存在しません。[6]

最初に光速を測定しようとしたのはガリレオ・ガリレイです。彼は2人の人物にランプを持たせてそれぞれ向かい合う山に登らせ、そこでランプで互いに合図を送り合い、その伝達時間を計ることで光速を測ろうとしました。しかしこの方法では2人はわずか1㎞ほどしか離れておらず、こんな短い距離では光速を測定することはできませんでした。光速の値を知っている現代の我々からすると、わずか1㎞程度の距離では光速は測れないことは容易にわかりますが、光も伝達速度があるはずと考え、実際にそれを測定しようとしたガリレオはやはりさすがです。

最初に光速の測定に成功したのはオーレ・レーマーで1676年のことでした。木星には**ガリレオ衛星**と呼ばれる4つの衛星があります。[7] ガリレオ衛星は周期的に木星の周囲を回っているので、

5　1秒の長さは「セシウム133の原子の基底状態の2つの超微細構造準位の間の遷移に対応する放射の周期の9192631770倍の継続時間」と定義されています。

6　ただし例外はあります。それは「空間そのものの膨張速度」です。この宇宙の誕生直後には「インフレーション」と呼ばれる宇宙の急膨張があったことが知られていますが、この時の宇宙の急膨張の速度は光速を超えていました。また、5章3節で詳しく説明するように、宇宙は今でも膨張を続けていますが、膨張する宇宙空間に乗って遠方銀河が地球から遠ざかる速度も光速を超えます。このように、宇宙空間内を伝わる物体や情報が光速を超えることはできないですが、空間そのものの膨張速度は光速を超えることができるのです。

地球から見たら周期的に木星の影に入り見えなくなります。でももし光速が有限だとすると、木星と地球が近い時と遠い時とで、ガリレオ衛星が木星の影に入る瞬間の様子が地球に届くまでにかかる時間が異なります。したがって、地球から観察されるガリレオ衛星が木星の影に入る周期は、地球と木星の距離に応じてわずかに変化していくはずです。レーマーは最も内側のガリレオ衛星であるイオが木星の影に入る周期が変化していることを観測し、世界で初めて光速が無限ではないことを確認したのです。この時にレーマーが初めて測った光速は秒速21・4万kmだったそうです。現在の光速の値と比べても、なかなかの精度ですね。

望遠鏡はタイムマシン

光速が有限だということは、遠くの星から私たちのもとに光が届くのに、時間がかかるということです。例えば太陽までの距離は約1億5000万kmですが、これは光の速度で約8分20秒かかります。つまり、私たちが見ている太陽は8分20秒前の姿なのです。

光が1年かけて進む距離のことを**1光年**と言います。1光年は9.46×10^{12}km、すなわち約9・5兆kmです。例えば全天で太陽の次に明るい恒星はおおいぬ座のシリウスですが、シリウスまでの距離は約8・6光年です。すなわちあなたが冬の夜空でひときわ輝くシリウスを見たとき、そのシリウスは今の小学3年生が生まれた頃の時代の姿を見ていることになります。夏の大三角形の一つ、はくちょう座のデネブまでの距離は約1400光年なので、おおよそ聖徳太子の時代の姿を見ていることになります。逆にもしデネブ星人が超高性能な望遠鏡で地球を見ることができたとすれば、そこに映るのは聖徳太子がいた飛鳥時代の大和の国のはずです。

このように天文観測では、遠くを見るほど昔が見えてきます。このおかげで、私たちはこの宇宙の昔の姿を「直接見て」調べることができるのです。

光をスペクトルに分解する

次は、光の「波としての性質」について考えていきましょう[8]。光は**電磁波**と呼ばれる波の一種で、その中で目で見える電磁波のことを**可視光**と言います。光の波の山と山の間の間隔を**波長**と言って、この波長の違いが色の違いに相当します（図1-4）。眼で見える波長範囲は人にもよりますが、最も青い方は約400nmで、最も赤い方は約800nmです。

7　木星を回るこの4つの衛星は内側からイオ、エウロパ、ガニメデ、カリストと名付けられています。ガリレオが望遠鏡で初めてこれらの衛星を発見したことから、4つ合わせてガリレオ衛星と呼ばれています。ガリレオ衛星の発見については2章1節を参照してください。

8　実は光は波としての性質だけではなく、粒子としての性質も持ちます。

図 1-4　可視光の色と波長の関係

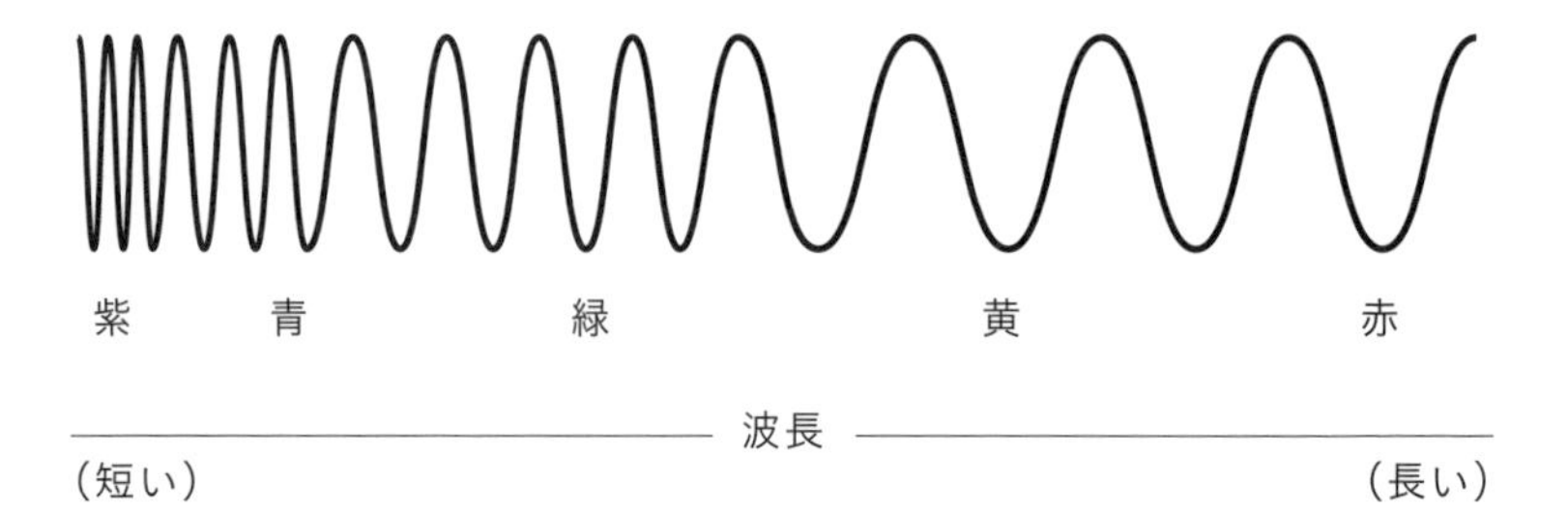

図 1-5　プリズムと水滴による分光

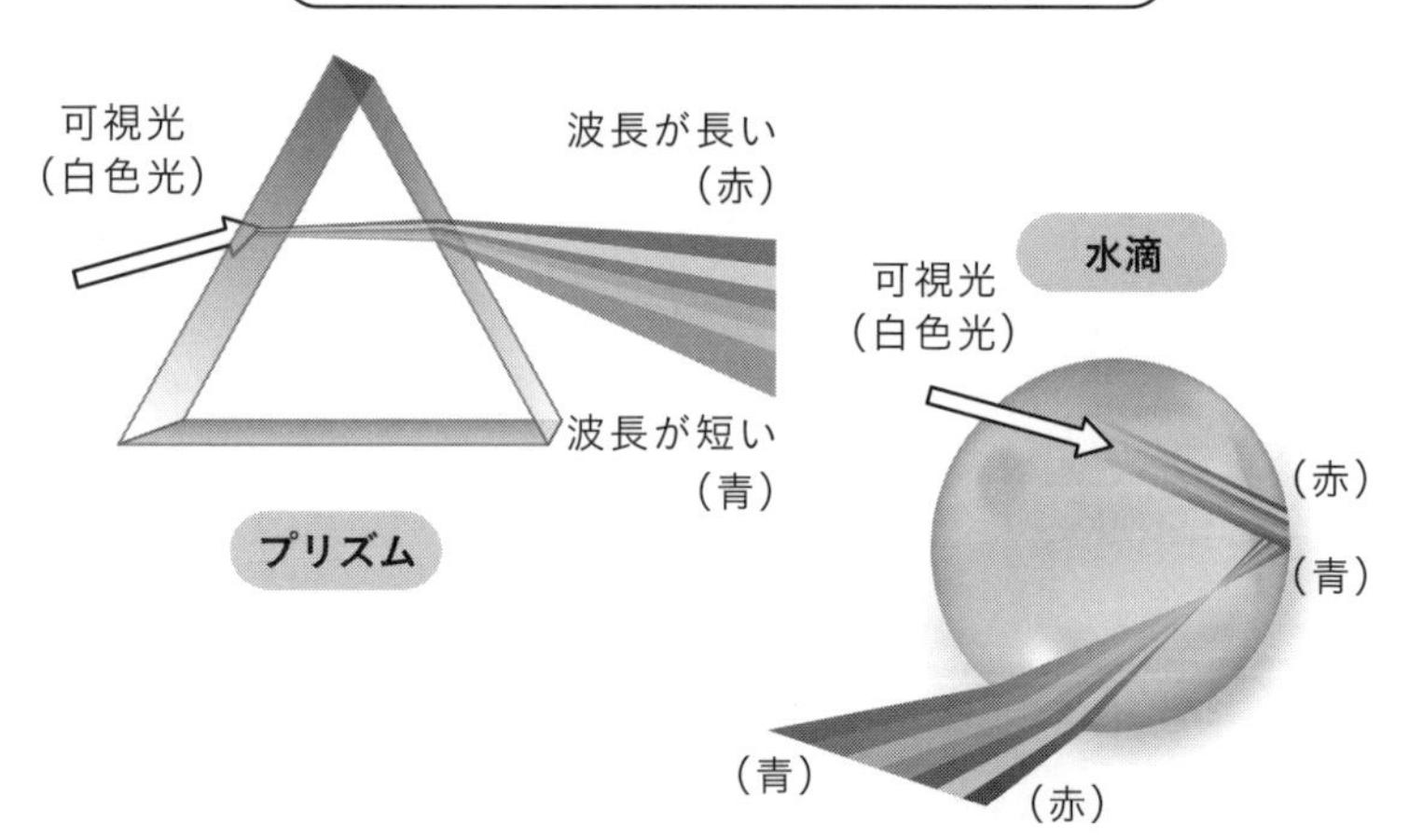

太陽光は、青い光から赤い光までの全てを含んでいるので、白く見えます。その太陽光をプリズムに通すと、光は波長ごとに分散されて虹のように見えます（図1 - 5左）。これは、光の波長ごとに屈折率が違うために起こる現象です。このように光を波長ごと（色ごと）に分解したものを、光の**スペクトル**と言います。すなわち「色の違い」とは、そこからやってくる光の「スペクトルの違い」なのです。

また、雨上がりに見える虹は、空気中の水滴がプリズムの役割を果たして太陽光を分散させることで見える現象です（図1 - 5右）。虹が見えるためには、空気中の水滴と太陽光が必要なので、雨上がりに見えやすいのです。虹は「太陽 - 水滴 - 目」の角度が約40度のあたりに見えます。太陽を背にして、ちょっと見上げたあたりですね。次の雨上がりの時には虹を探してみてください。また、太陽光ではなく月光で虹が見えることもあります。これを月虹（ムーンボウ）と言います。珍しいので「見た者は幸せになれる」とも言われています。[9]

図1 - 6に様々な光のスペクトルを示しました。これを見ると、光の種類によってスペクトルが異なるのがわかります。例えば太陽光はのっぺりとした連続的なスペクトルですが、水銀ライトや、トンネルの照明としてもよく使われ

9　私はハワイでムーンボウを見たことがあります。
国立天文台「見た人は幸せに？ マウナケアで撮影された月の虹」
http://subarutelescope.org/Topics/2013/11/11/j index.html

ているナトリウムライトなどは、ある特定の波長（色）の光が強いですね。これは、放出される光の波長（色）が物質ごとに違うからです。例えば炎色反応の実験を見たことがあるでしょう。ナトリウムなら黄色、ストロンチウムなら赤色の炎が見えたはずです。花火は様々な色の炎色反応を組み合わせて作られています。このように、光を分光して特徴的な波長（色）の光を調べてやることで、その光源の物質を調べることができるのです。

ここで太陽スペクトルをもう少し詳しく見てみると、所々に薄い暗線が見えます。これをフラウンホーファー線と言います[10]。先ほど、物質ごとに発する光の波長が異なるという話をしましたが、それは光の吸収についても同じです。したがって、フラウンホーファー線の波長を、身近な物質のスペクトルと比較することで、太陽にどんな物質が含まれているかを調べることができるのです。それまでは遠くにある太陽が一体どんな物質でできているのかを調べることなんて不可能と考えられていましたが、スペクトルを調べることによって初めてそれが可能となり、太陽も他の星々も地球と同じ物質でできていることがわかったというのは画期的な大発見でした。

そんな中、フランス人天文学者ピエール・ジャンサンとイギリス人天文学者ノー

10　フラウンホーファー線を最初に発見したのはウィリアム・ウォラストンで1802年のことですが、後にこれを詳しく調べたヨゼフ・フォン・フラウンホーファーの名前が付けられています。

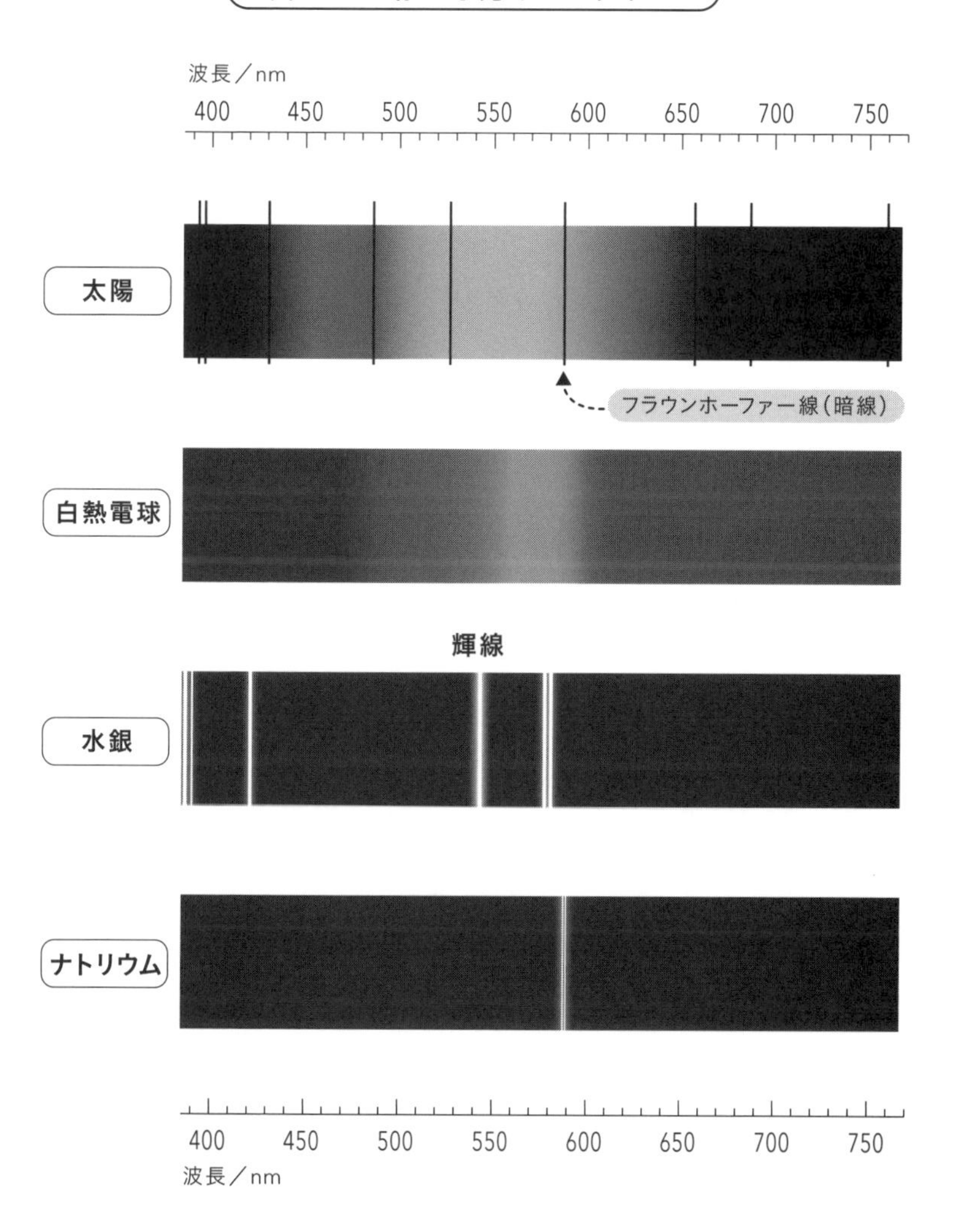
図1-6　様々な光のスペクトル
波長／nm
400
450
500
550
600
650
700
750
太陽
フラウンホーファー線（暗線）
白熱電球
輝線
水銀
ナトリウム
400
450
500
550
600
650
700
750
波長／nm

マン・ロッキャーは1868年にそれぞれ独立に、太陽のスペクトルの中に、地球上の物質で知られているスペクトル線とは一致しない未知のスペクトル線を発見したと報告しました。これはすなわち、地球上ではまだ見つかっていない未知の物質を太陽で発見したということを意味していて、ロッキャーはその物質を、ギリシャ語で太陽を意味するheliosからヘリウムと名付けました。現時点でヘリウムは唯一、地球外で最初に発見された元素です。

目に見えない光

太陽光をプリズムに通すと、青から赤までの虹色のスペクトルが見えますが、太陽からやってくる光はこれが全てなのでしょうか？

18世紀から19世紀にかけて活躍したドイツの天文学者ウィリアム・ハーシェルは、太陽光をプリズムで分光して、赤い光のさらに外側、目では光が届いていないように見える部分に温度計を置くと、温度が上昇することを発見しました（図1‐7）。この実験結果から、赤い光よりもさらに赤い側（波長が長い側）にも、目には見えない光が届いていると結論付けました。**赤外線**の発見です。

目に見えない光は赤外線だけではありません。赤外線よりさらに波長が長い側は携帯電話

図 1-7　赤外線の発見

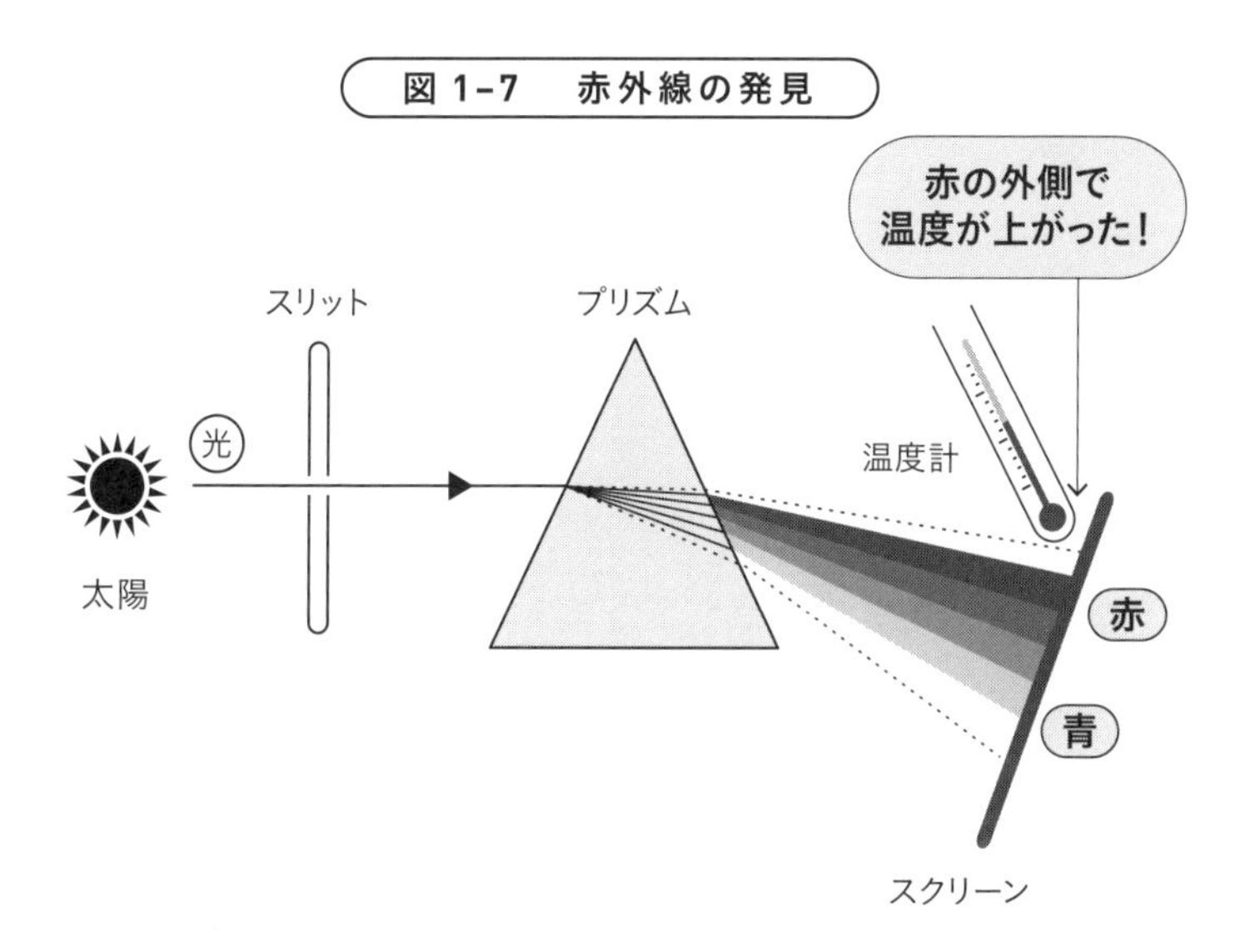

図 1-8　電磁波と波長の関係

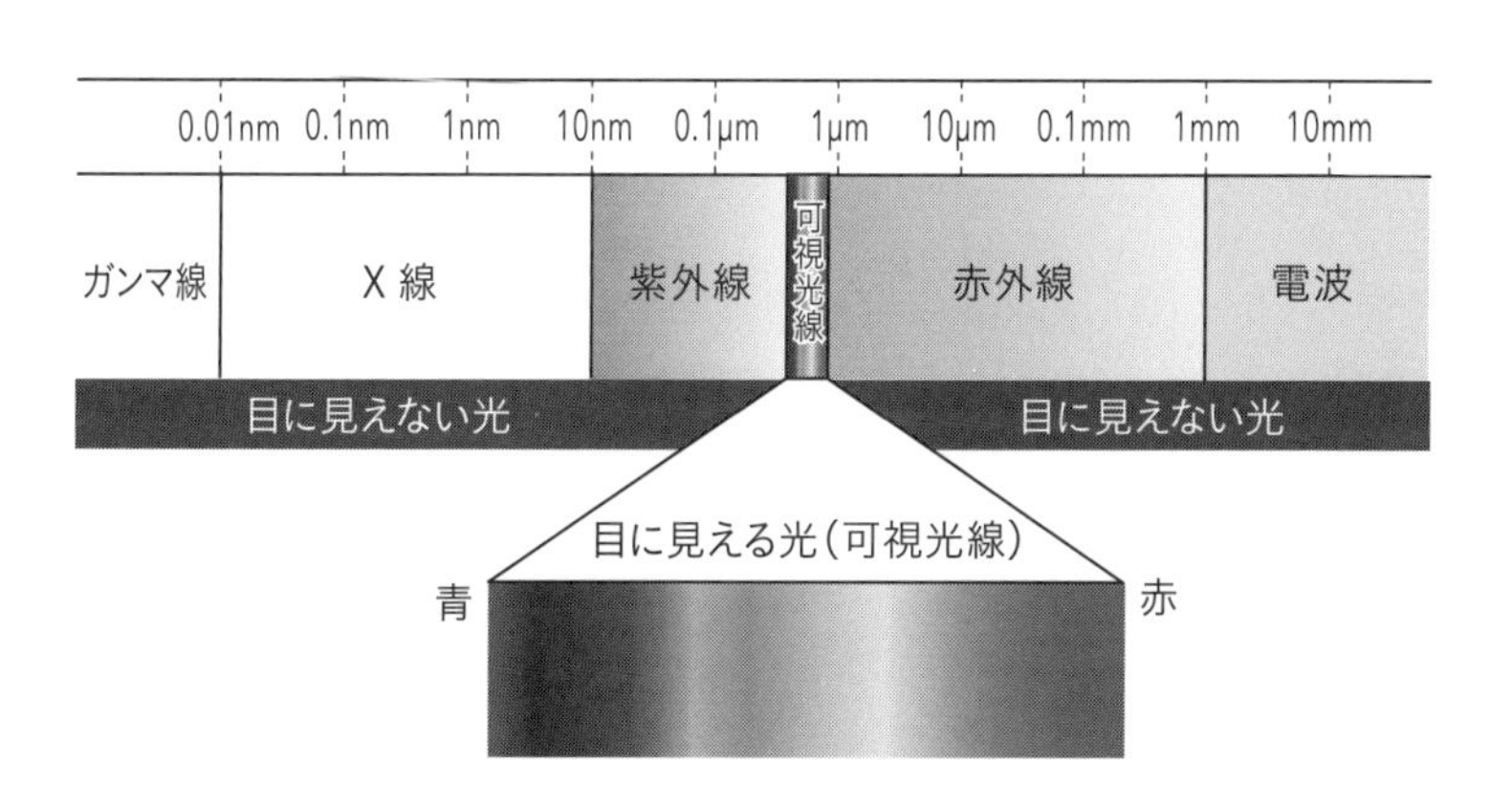

や無線ＬＡＮなどにも用いられている**電波**になります。逆に、青い光よりももっと青い（波長が短い）光は**紫外線**と呼ばれていて、さらに波長が短くなるとレントゲン等にも用いられている**X線**に、さらに波長が短くなると放射線として知られる**ガンマ線**になります（図１-８）。このように目に見えない光までを含めた光全体を**電磁波**と呼びます。

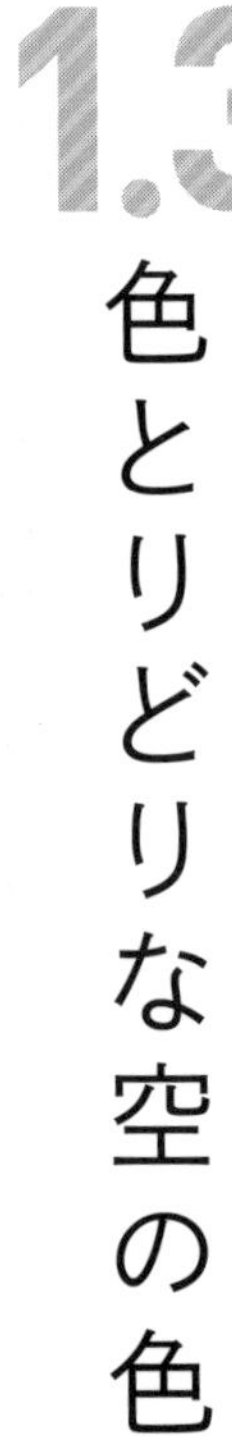

1.3 色とりどりな空の色

光とは何かという基礎的な知識を学んだところで、本書の本題に徐々に入っていきましょう。まずは最も身近な空の明るさについて考えていきましょう。それは夜空ではなく昼の空です。

空の青と夕焼けの赤

昼の空はどうして青くて明るいのでしょう？　昼の青空が明るいのは当然、太陽が昇っているからです。すなわち青空の明るさは、元をたどれば太陽からの光です。けれども、昼間は太陽の方向だけではなく、空全体が明るいですね。しかも色も異なります。太陽からの光はほぼ白色もしくは黄色なのに[11]、青空の色はその名の通り青色です。それはなぜなのでしょうか?

太陽から発せられた光は、地球の大気を通過して私たちの目に届きます。この時、光は大気中の分子とぶつかって散乱されます。この散乱のされ方が色によって異なるのです。図1‐9上のように、波長の短い光、すなわち青い光の方が、分子とぶつかりやすいので散乱されやすく、波長の長い光、すなわち赤い光の方が、分子とぶつかりにくいので散乱されにくいという性質があります。このように、波長の長い赤い光は分子によって散乱されにくく、波長が短い光ほど散乱されやすいような散乱のことを、レイリー散乱と言います。

青い光は空気中の分子とぶつかって様々な方向に散乱されます。これが空が青い理由です。すなわち昼の空では、太陽から届いた光は、特に青い光が大気中のあらゆる所であらゆる方向に散乱されます。だから空のどの方向を見ても青い光が目に届く、すなわち青く見えるのです（図1‐9下の②）。

また、夕焼けが赤い理由も同様にレイリー散乱で説明ができます。夕焼けの光は地

11　決して太陽を直接肉眼で見ないようにしましょう。

図 1−9　波長による散乱の違い（上）、空の色との関係（下）

レイリー散乱

青（短い波長）

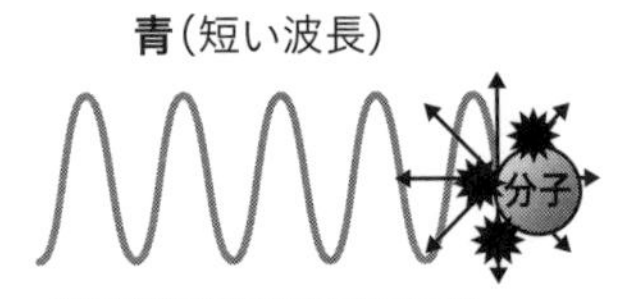

赤（長い波長）

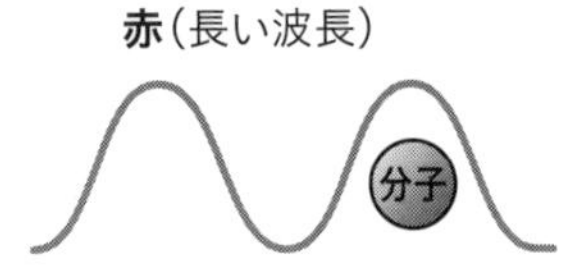

ぶつかって散乱しやすい

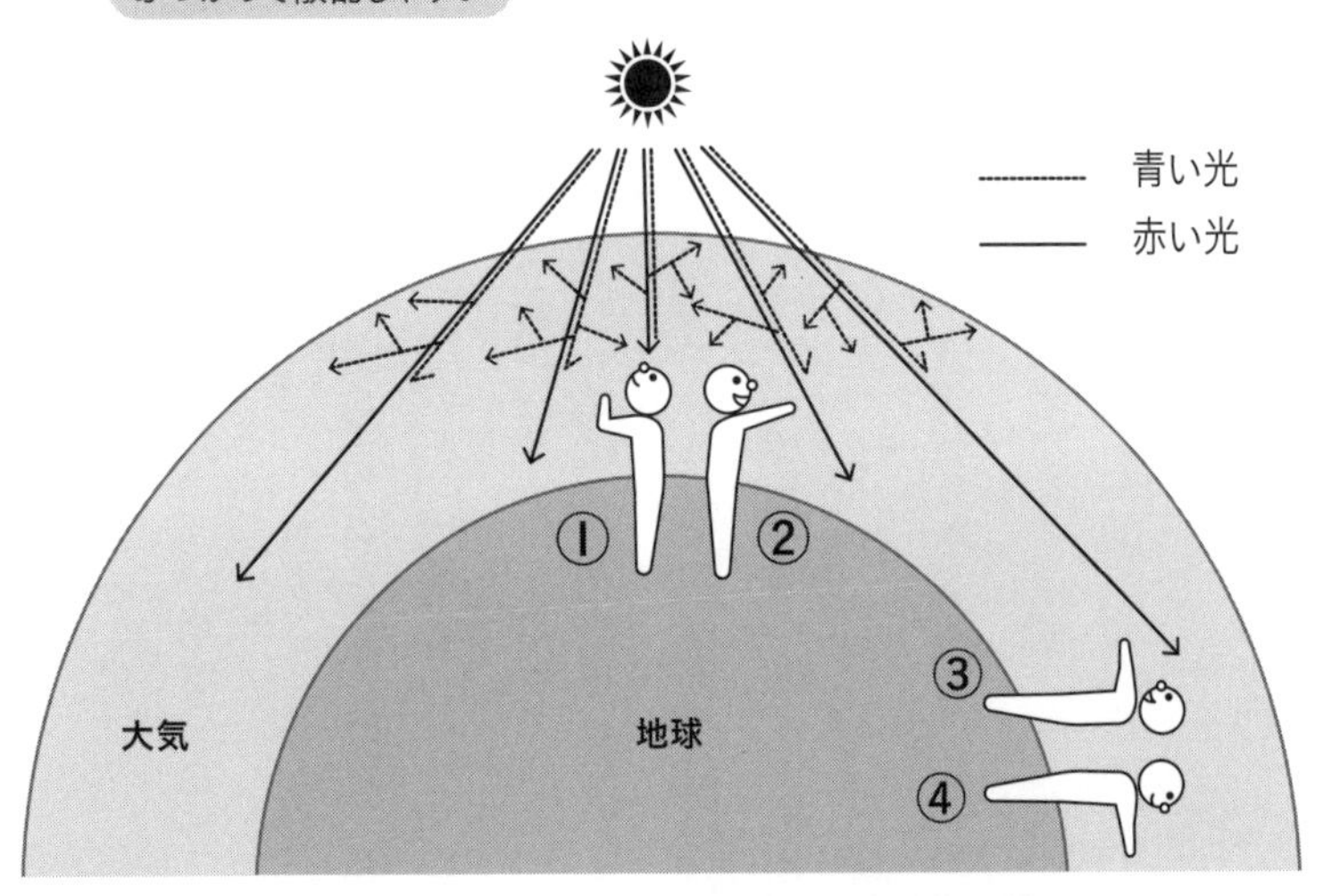

①上（太陽の方向）を見ている人
赤い光も青い光も目に届くので空は白く見える

②太陽以外の方向を見ている人
赤い光はまっすぐに進むので目には届かない
青い光は散乱するのでその一部は目に届く
したがって空は青く見える

（昼間）

③西（夕焼け）を見ている人
赤い光はまっすぐに進むので目に届く
青い光は散乱して脱落するので目に届かない
したがって夕焼けは赤く見える

④夕焼けと反対方向を見ている人
太陽の光は目に届かないので
暗い夜空が見える

（夕方）

球大気を横から通り抜けてくるため、私たちの目に届くまでに大気中をより長い距離だけ通り抜けてきます。この際、より散乱されやすい青い光は途中で散乱して脱落していきますが、赤い光は散乱されにくいために、大気中を長い距離通り抜けてきても、空気の分子によって散乱されずに直接、目まで到達することができます（図1‐9下の③）。だから夕焼けは赤いのです。

このように空が青く夕焼けが赤いのは大気があるせいなのです。したがって大気がない宇宙では、太陽光は何にも散乱されないので太陽の方向からしか来ません。すなわち宇宙では昼間でも空は暗く星が見えるのです（図1‐10）。

雲の白

ここでもう一つの空の色についても説明しておきましょう。それは雲の白さです。

雲が白い理由も、光の散乱にあります。しかし、空が青く、夕焼けが赤い理由だったレイリー散乱とは別の種類の散乱です。レイリー散乱では太陽光が空気中の分子によって散乱されていました。この時、空気中の分子は光の波長よりも小さいので、波長の長い赤い光は散乱されにくく、これが夕焼けが赤い理由でした。

一方で雲の原因となっているのは水滴や氷の粒の集まりで、それらは光の波長よりも大き

図 1–10：宇宙から見た昼間でも暗い空

出所：NASA

いです。そのような場合は、波長によらず全ての色の光を散乱させるミー散乱という種類の散乱が起こるのです。全ての色の光が雲によって散乱されるので、全ての色が混ざった色、すなわち白く雲は見えるのです。

ちなみに雨雲など雲が黒く見える理由は、その雲自身がとても厚いなどの理由で、太陽光が当たっていないからです。

1.4 光害という公害

では、いよいよ昼の空の明るさから、本題の夜の明るさへと話を移していきましょう。

街明かりを測る地道な取り組み

夜空は暗いですが、昼と比べて一体どの程度の暗さだと思いますか？　夜の暗さと言っても、街明かりや月の有無で大きく変わるのですが、街明かりも月もない理想的な夜空を考えた場合、その夜空の暗さは、昼間の青空の明るさに比べて約1億分の1程度の明るさのようです。[12]

けれども、ほとんどの人は、それほどの暗さの夜空を見ることはできません。街明かりがあるためです。街明かりによって夜空が明るく照らされることを**光害**と言い、例えば夜行性動物の生態に悪影響を与えるなど、環境問題の一つと捉えられています。[13]

日本でも昭和63年から「全国星空継続観察」という環境省主導の事業で継続的に光害について調べられてきましたが、残念ながら事業仕分けの影響を受け、平成25年度を最後に事業が休止となってしまっています。[14] けれども、継続的な調査が重要なことから、星空公団[15]などの一般市民団体によりボランティアで調査は継続されています。

人類の1/3が天の川を見ることができない？

イタリアのファビオ・ファルチらは2016年に、人工衛星のデー

12　昼の青空の典型的な明るさは約10^4cd/m^2、街明かりもなく月も出ていない夜空の明るさは約10^{-4}cd/m^2とのことです。

13　例えば環境省の「光害対策ガイドライン」など　http://www.env.go.jp/air/life/hikari_g/

14　過去の観測結果などはここから見ることができます。https://www.env.go.jp/kids/star.html

15　http://www.kodan.jp/

16　Falchi et al. (2016) Science Advances , 2, e1600377
光害の世界地図は次のサイトからも見ることができます。http://cires.colorado.edu/artificial-sky

表1-1　光害による夜空の明るさの指標

夜空の明るさ	影響
～1.01	理想的な夜空
1.01～	将来的な光害予防に向け注意が必要
1.08～	天文観測に影響が出始める[17]
1.28～	冬の天の川が見えなくなる
2.56～	夏の天の川が見えなくなる
5.12～	目が色を感じ始める[18] 薄明の終わり頃の明るさ

タとコンピュータによる計算を組み合わせて光害の世界地図を発表しました[16]（図1-11）。実際に人工衛星で地球の夜を撮影した画像（図1-12）と見比べてみると、光害と街明かりの様子がよく一致していることがわかります。以下では、ファルチらの論文から、世界的に光害によって夜空がどれほど明るくなっているかを見ていきましょう。

まず最初に光害の度合いについてまとめておきましょう。街明かりも月明かりもない、最も暗い理想的な夜空の明るさを1とした時、夜空の明るさと光害の関係を示したのが表1-1です。夜空の明るさがわずか

17　国際天文学連合第50委員会（IAU Commission 50）による報告より。

18　国際照明委員会による報告より、暗所視と薄明視が切り替わる明るさ。

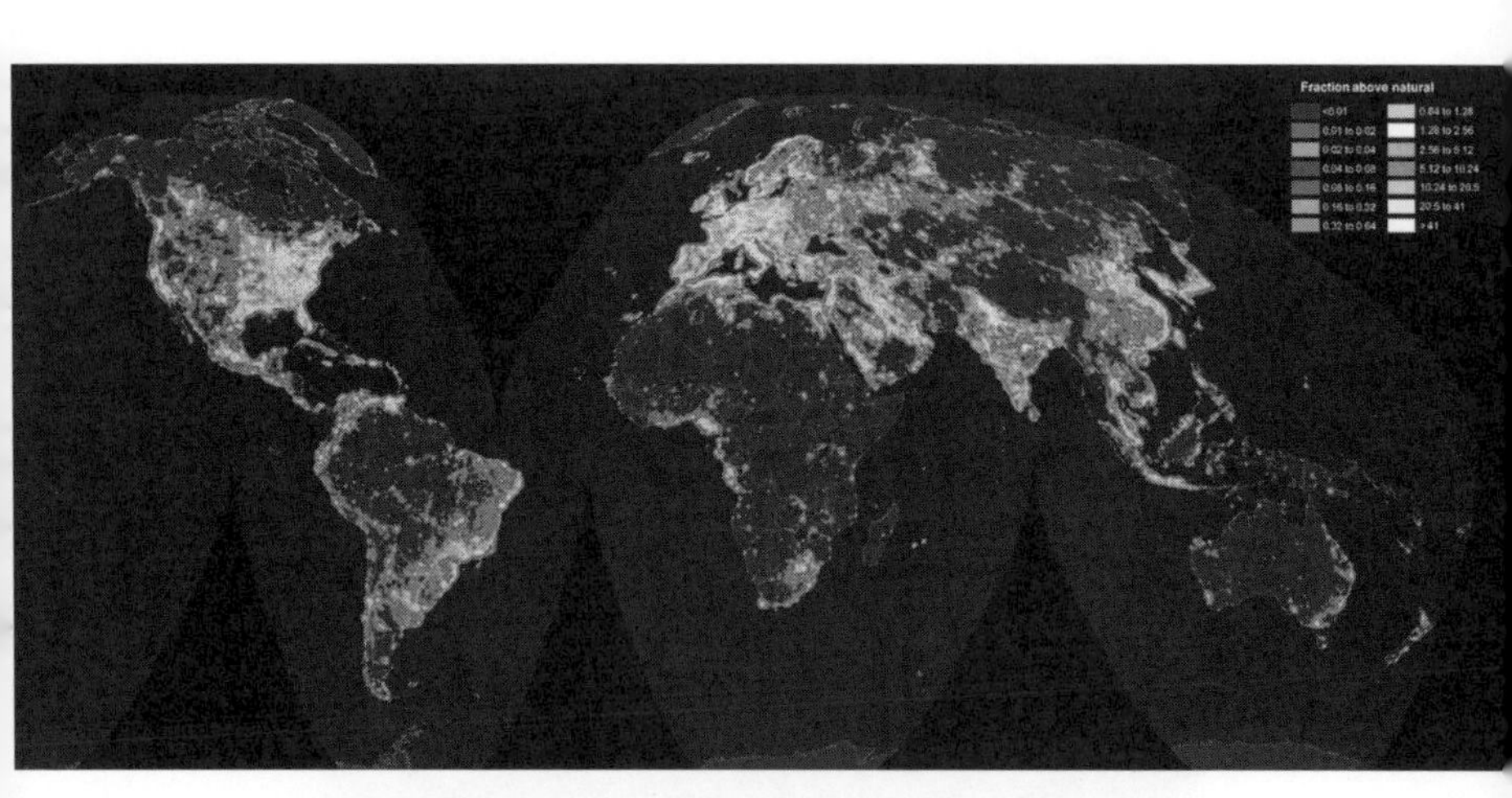

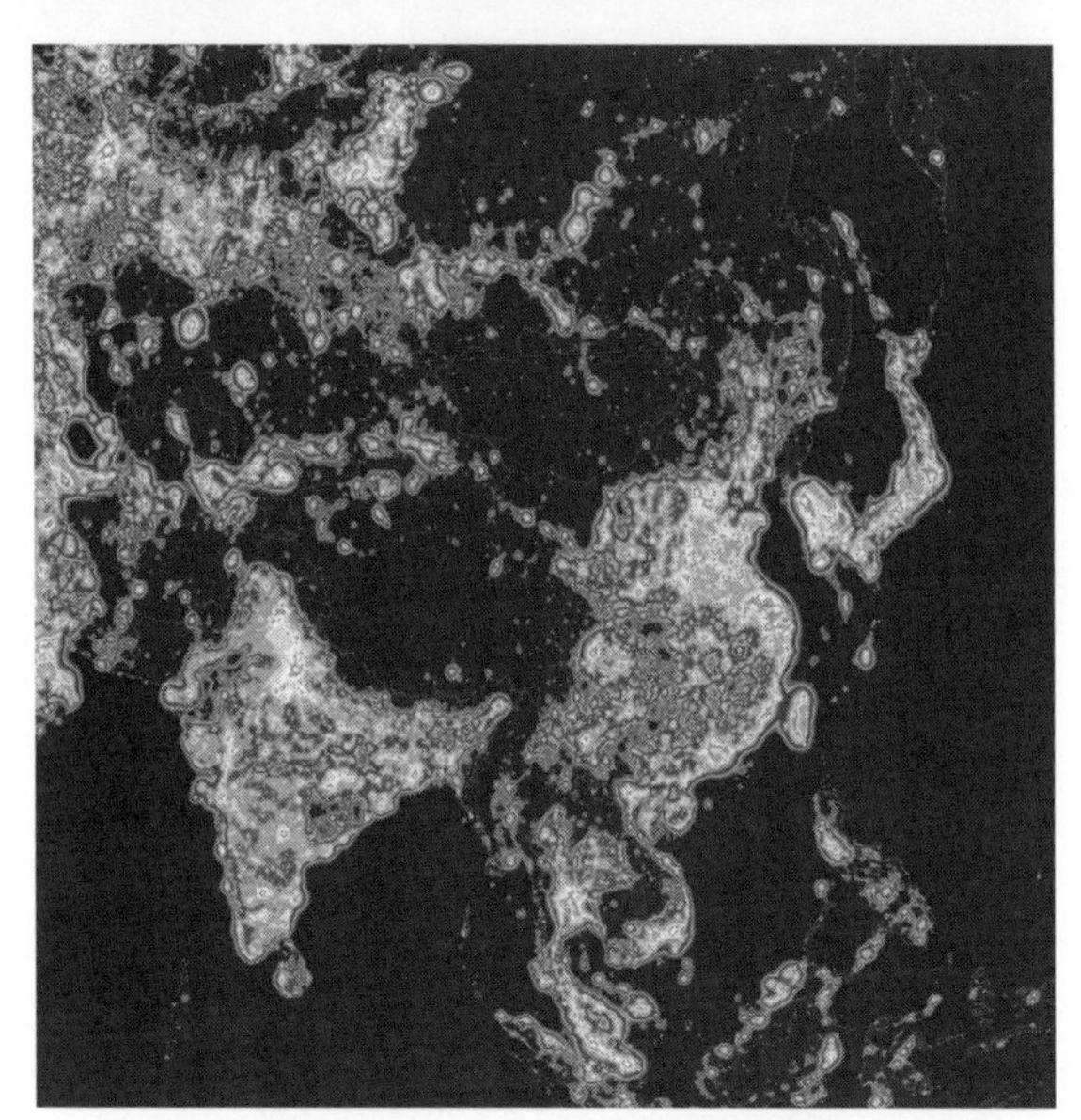

図 1−11：光害の世界地図

出所：Falchi et al.（2016）Science Advances , 2, e1600377

図 1–12：人工衛星から見た夜の地球

出所：NASA

表1-2　日本での光害の影響

夜空の明るさ	人口の割合	面積の割合
～1.01	0.0%	0.1%
1.01～1.08	0.1%	8.8%
1.08～1.50	3.2%	51.9%
1.50～4.00	26.3%	32.1%
4.00～17.2	40.5%	6.1%
17.2～	29.9%	1.0%

8%だけでも街明かりによって増加しただけで、天文観測に影響が出てしまいます。

さて、この表1‐1の基準を元に、図1‐11の光害の世界地図を詳しく見ていきましょう。まず驚くべきことに、世界人口のなんと83%が、欧米や日本に至っては99%以上の人が、光害の影響を受けた（空の明るさが1・08以上）地域に住んでいるとわかります。

光害によって天の川が見えない地域に住んでいる人は、世界人口の60%以上にも及びます。最も光害が進んだ国はシンガポールで、国家全土にわたって空の明るさが薄明時の明るさに相当する5・12以上、すなわちシンガポールには「夜がない」と言えるのかもしれません。シンガポールに次いで、クウェート、カタール、アラブ首長国連邦、サウジアラビア、韓国の順で、光害の酷い国が続きます。逆に最も光害の影響を受けていない国は、人口ベースで考えるとチャド、中央アフリカ共和国、マダガスカルといったアフリカの国々で、人口の¾以上の人が理想的な夜空（空の明るさが1・01以下）の下で暮らしています。

G20の国に限ると、光害の影響を最も受けているのは、人口ベースで考えるとサウジアラビアと韓国、面積ベースで考えるとイタリアと韓国で、逆に最も光害の影響が少ないのは、人口ベースだとドイツ、面積ベースだとオーストラリアのようです。

日本の場合についてまとめたのが表1－2です。光害の影響があるとされる夜空の明るさ1・08以上の地域は日本の面積のなんと91・1％にも及び、そこに日本の全人口の99・9％が住んでいるということになります。天の川が見える地域（夜空の明るさがおおよそ2以下）に住んでいる人は数％程度といったところでしょうか。

星空保護区

このように、天の川が見えるような、遠くの宇宙を望遠鏡で観測できる暗い夜空は、地球上では限られてきてしまっているという現実が見えてきました。人工の光によって夜が照らされることで、私たちの生活がより豊かで快適になってきたのは間違いありません。今さら明かりのない生活なんて不可能でしょうし、私自身も望んではいません。でも、そんな現代の文明社会の中で、綺麗な暗い夜空を残していくことも重要でしょう。

世界的にも、暗い星空を保護していこうという動きがあります。アメリカ合衆国アリゾナ州に本部を置くＮＰＯ団体である国際ダークスカイ協会[19]は、きれいな星空を「星空保護区」と認定して保護していく活動を進めています。国内では西表石垣国立公園が国内初の星空保護区認定を目指して活動中です。

夜空を通して遠くの宇宙を見るためには、暗い夜空が必要なのです。一人の天文学者として、そして一人の宇宙好きとして、「暗い夜空」を守っていきたいと感じさせられます。

1.5 自然の夜空の明るさ

さて、今までは人工的な明るさによる夜空の明るさについて見てきましたが、いよいよここから、自然の夜空の明るさについて考えていきます。

明るい月明かり

照明などの人工的な光を除いて、夜空の明るさを支配するのは月明かりです。月はとても明るいので、昼でも見えるほどです。

月の明るさは月の満ち欠けの状態にもよりますが、最も明るい満月の夜空の場合、月の出ていない新月の夜と比べて約100倍程度の夜空の明るさとなります。日本の場合、表1－2より人口の約半分が理想的な夜空に比べて10倍明るい夜空の下で生活していますが、それでも満月の夜はその約10倍の明るさとなります。

満月の夜は月明かりで影ができるほどに明るいのです。このように月によって明るい夜のことを「明夜」[20]、月のない暗い夜のことを「暗夜」と呼びます。天文観測を行なう場合はもちろん暗夜の方が望ましいです[21]。

19　アメリカ本部は　http://darksky.org/
日本唯一の支部である東京支部は　http://idatokyo.org/

20　国語辞典で「明夜」と引くと、「みょうや」という読みで「明日の夜」という意味が出てきます。一方、天文学の世界では「めいや」と読んで、満月に近い時期の明るい夜のことを指します。

21　ただし月明かりは赤外線での天文観測には大きな影響を与えません。したがって、すばる望遠鏡などによる天文観測では、明夜は赤外線観測、暗夜は可視光観測というのが基本となっています。

大気が光るオーロラ

では、月が出ていない暗夜における夜空の明るさの中で、最も明るいものは何でしょう？　意外かもしれませんが、それは実は「地球大気の明るさ」なのです。大気が光っていると聞くと意外な気がするかもしれませんが、あなたも知っているとても有名な大気発光現象があります。それはオーロラです。

物質を温めていくと固体から液体、気体へと状態変化していきます。液体の水を冷やすと固体の氷に、温めると気体の水蒸気に状態変化しますよね。では、気体をさらに熱するとその気体はどうなるでしょうか？　実は気体をさらに熱すると**プラズマ**に状態変化します。

プラズマとは、気体がイオン化した状態だと思ってもらえばよいでしょう。原子の中心にはプラスの電荷を持つ原子核があり、その周りをマイナスの電荷を持つ電子が回っていますが、物質を高温にすると、その熱エネルギーにより電子が原子から飛び出してイオン化してプラズマになるのです（図1-13）。

太陽の周辺のコロナと呼ばれる領域は、約100万度もの高温になっており[22]、そこでは物質はプラズマ化しています。そこから放出されるプラズマのことを**太陽風**と呼んでいます。では太陽風が地球にぶつかるとどうなるのでしょう？　実は太陽風は地球に直接ぶつかりま

図1-13　温度変化による物質の状態変化

固体

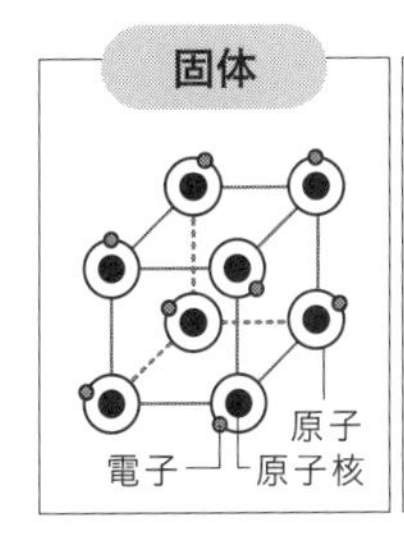

原子同士がしっかりつながっていて、身動きが取れない状態

液体

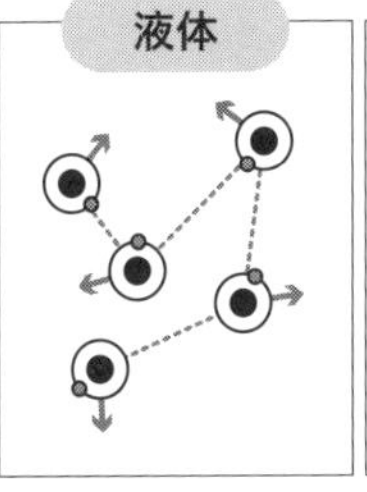

各原子がある程度動ける状態

気体

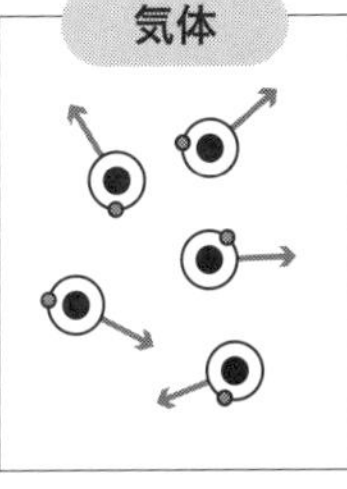

原子はそれぞれ高速で自由に飛び動ける状態

プラズマ

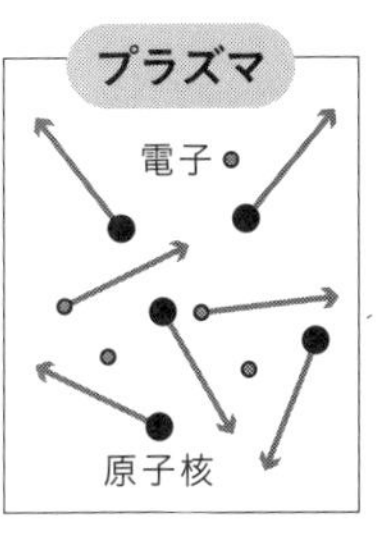

電子と原子核が離れ、バラバラになっている状態

温度が高くなる

せん。なぜなら地球は**地磁気**によって守られているからです。

地球上では磁石のN極が常に北を向きます[23]。これはなぜかというと、地球自体が大きな磁石のようになっていて、地球の北極がS極、南極がN極になっているからです。磁石の周りをN極からS極に向けて磁力線がぐるりと取り囲んだ図を見たことがあると思いますが、地球の周りも同様に磁力線で囲まれています。これを地磁気と言います。

太陽から飛んできたプラズマの太陽風は、まずは地球の地磁気にぶつかるのですが、実はプラズマには磁力線を横切ることができず、磁力線

図 1-14　オーロラの発生原理

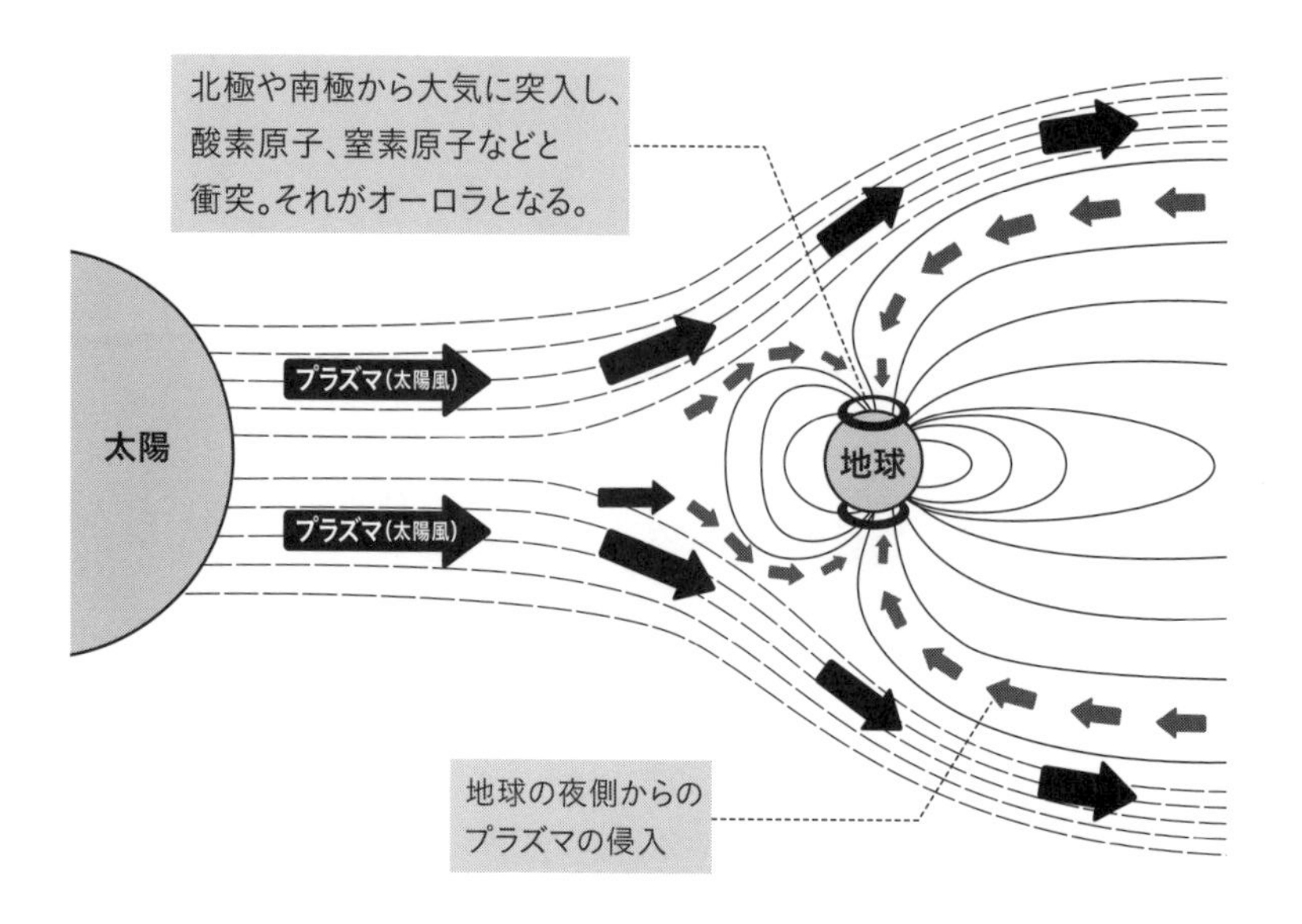

22　光球と呼ばれる太陽の表面の温度は約6000度なのに対し、その周辺のコロナと呼ばれる領域の温度は約100万度です。どのようにして6000度の太陽表面によって、周囲のコロナが100万度にまで熱せられるのかは、いろいろな仮説はありますが、正確なことはまだわかっていません。

23　方位磁針は完全な真北を指しません。場所や時期にもよりますが、日本周辺では、地球の自転軸（地軸）で決まる真北に対して、5〜10度ほど西にずれた方向を方位磁針は指します。このズレのことを「磁気偏角」と言います。また、方位磁針の針は上下方向にも傾きます。これを「伏角（ふっかく）」と言います。日本周辺の場合、N極がなんと50度も下を向いてしまうので、日本で市販されている方位磁針はS極側を重くして水平に釣り合うようにしてあるのです。

図 1-15：木星のオーロラ

出所：NASA

に沿ってしか運動できないという性質があるのです。そうすると図1・14のように、太陽から飛んできたプラズマの太陽風は、地磁気に沿って運動して、北極や南極で地球大気に突入します。太陽風のプラズマ粒子は大きなエネルギーを持っているので、それが大気中の酸素原子や窒素原子とぶつかることで、それらの原子がエネルギーを受け取り、発光するのです。これがオーロラが南北両極で主に見られる原因でもあります。ちなみに、オーロラは地球だけでなく、木星や土星などでも観測さ

れています。（図1‐15）

このように大気発光としてはオーロラが最も有名ですが、オーロラ以外でも大気全体がほんのり光っているのです。日本の上空など南北両極でない地域でも、太陽風はたしかに地磁気に守られて大気にほとんど到達しないですが、太陽からの強力な紫外線などから大気の原子はエネルギーをもらって発光しているのです。その主成分は、高度約１００㎞付近の上空でのＯＨ分子の発光（ＯＨ夜光）などで、ＯＨ分子が太陽からの紫外線を吸収して、そのエネルギーで光っています。

2章 宇宙から見た宇宙の明るさ

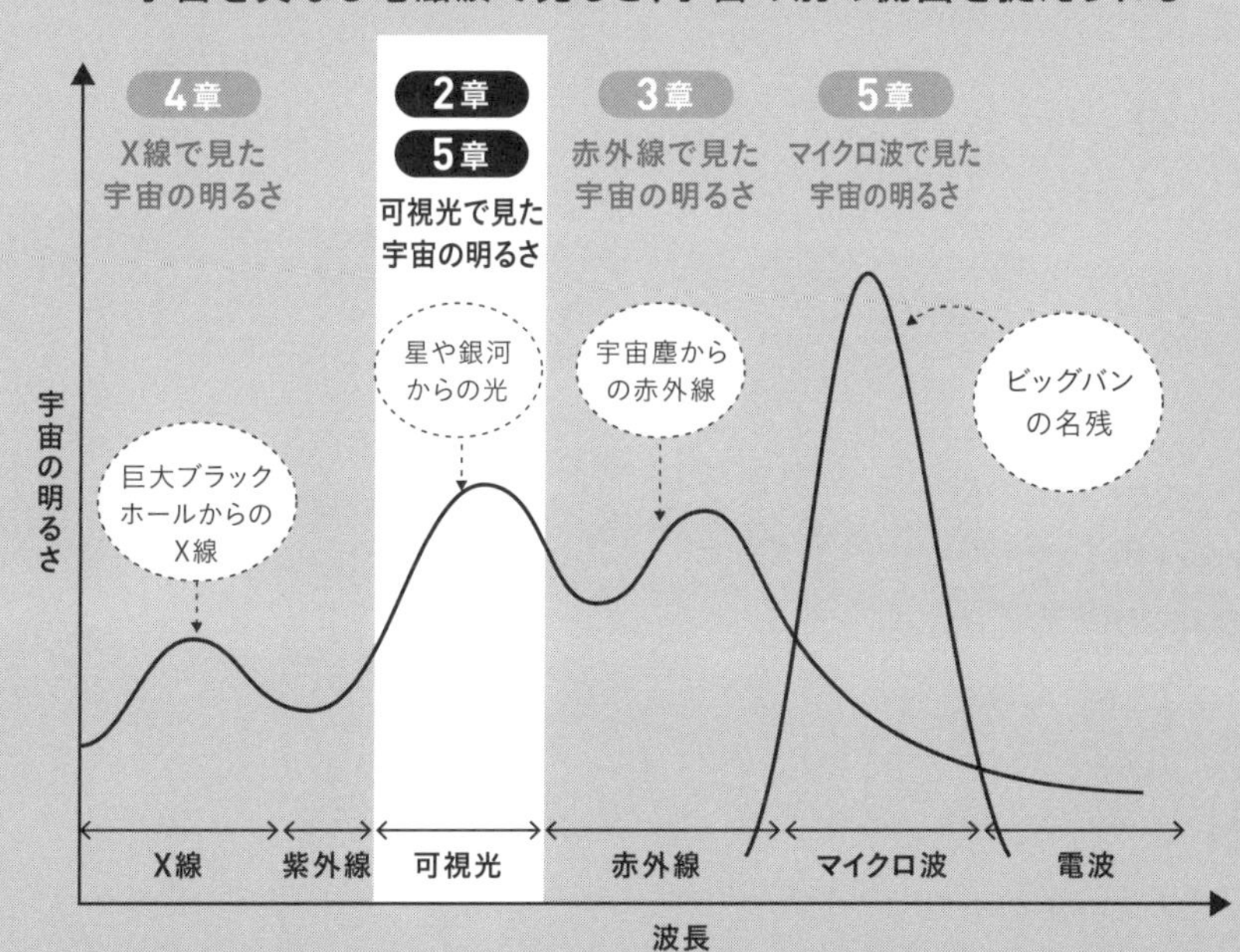

2.1 太陽系の惑星の動き

1章では、空の青さや夕焼けの赤さだったり、光害（街明かり）であったり、オーロラなどの大気発光であったり、空の明るさと言っても、主に地球大気が原因の明るさについて説明してきました。これらの明るさはいずれも、地球大気の外に出てしまえばなくなります。

この章ではいよいよ、地球大気の外、宇宙から見たときの「宇宙の明るさ」について考えていきます。「明るさ」とは目に届く光の量のことなので、「宇宙の明るさ」について考えることは、「この宇宙はどれだけの量の光で満たされているのか」という問題について考えていくことを意味します。

太陽系天体の種類

夜空は星の世界です。夜空を見上げると、目に届く光は主に星の光です。そこでまずは、星とは何かについて考えていきましょう。

日本語で「星」と言うと、夜空に輝く点状のものを指しますが、これには大きく分けて2種類あります。**恒星**(star)と**惑星**(planet)です。夜空を見上げて、肉眼で見える可能性のある惑星は、水星・金星・火星・木星・土星の5つです。これら5天体に加え、望遠鏡を使えば天王星と海王星が見えます。太陽系内の惑星は、これらに我らが地球を加えた合計8天体です。[24]

太陽系内の惑星以外の天体として、惑星より一回り小さい準惑星(冥王星など)、小惑星探査機「はやぶさ」が探査したイトカワや、それに次ぐ「はやぶさ2」の目的地リュウグウなどの小惑星もあります。この他、太陽系内には、長い尾を引く姿が印象的な彗星や、惑星の周りを回る小天体である衛星などが含まれます。月は地球の衛星ですね。木星の衛星のガニメデと土星の衛星のタイタンは、なんと惑星である水星よりも大きな天体です。[25]

惑星をはじめとするこれら太陽系内の天体は、太陽を

24　かつては冥王星も惑星に分類されていましたが、2006年の国際天文学連合での決議により、冥王星は惑星から「準惑星」という新たなカテゴリーに分類されました。これは冥王星よりも遠方に、冥王星よりも大きな天体が発見されたことがきっかけです。これに対し、冥王星が惑星から「降格した」と表現されることも多いのですが、天文観測の発展により、準惑星という今まで見えなかった新たな種類の天体が発見され、冥王星はその新たな分類である準惑星の代表となったと考えれば、むしろ降格ではなく昇格だとも言えます。また、火星と木星の間で太陽の周りを回っている準惑星のケレスも、1801年の発見から50年間程度は惑星に分類されていました。

25　太陽系内の天体を大きさ順で並べるとトップ20は以下のようになります(2016年時点)。
1.太陽、2.木星、3.土星、4.天王星、5海王星、6.地球、7.金星、8.火星、9.タイタン、10.ガニメデ、11.水星、12.カリスト、13.イオ、14.月、15.エウロパ、16.トリトン、17.エリス、18.冥王星、19.ティテーニア、20.レア

除いて基本的には自分では光っておらず[26]、太陽の光を反射して光っています。

古代ギリシャ人が導き出した地動説

惑星が「惑う星」と呼ばれる所以は、その動きです。他の多くの星々（すなわち恒星）は、位置関係を変えず規則正しく夜空を回っているのに、惑星だけが日々その位置を変えていきます。

夏の代表的な星座であるはくちょう座の形も、冬の代表的な星座であるオリオン座の形も、100年やそこらの人間の人生の長さでは形を変えません[27]。ところが、惑星は数日経てば明らかに場所が変わったと気付くほどに星座の間を動いて位置を変えています。時には「逆行」と言って、東から西へ動く他の星々とは逆方向に動くことさえあります（図2-1）。なぜそんなふうに惑星は動いて見えるのかという理由は、現代の私たちは「惑星は太陽の周りを回っているから」と知っていますが、この答えに行き着くまでに過去の人々はとても頭を悩ませたのです。

地球を含む太陽系の惑星は太陽の周りを回っています。これを**地動説**と言い

26　ただし木星などにはオーロラが発生することが知られているなど（図1-15）、大気発光現象は惑星や衛星で観測されています。

27　数千年、数万年のタイムスケールで見ると、これらの星座の形も徐々に変化しています。

図2-1　惑星の逆行（火星の場合）

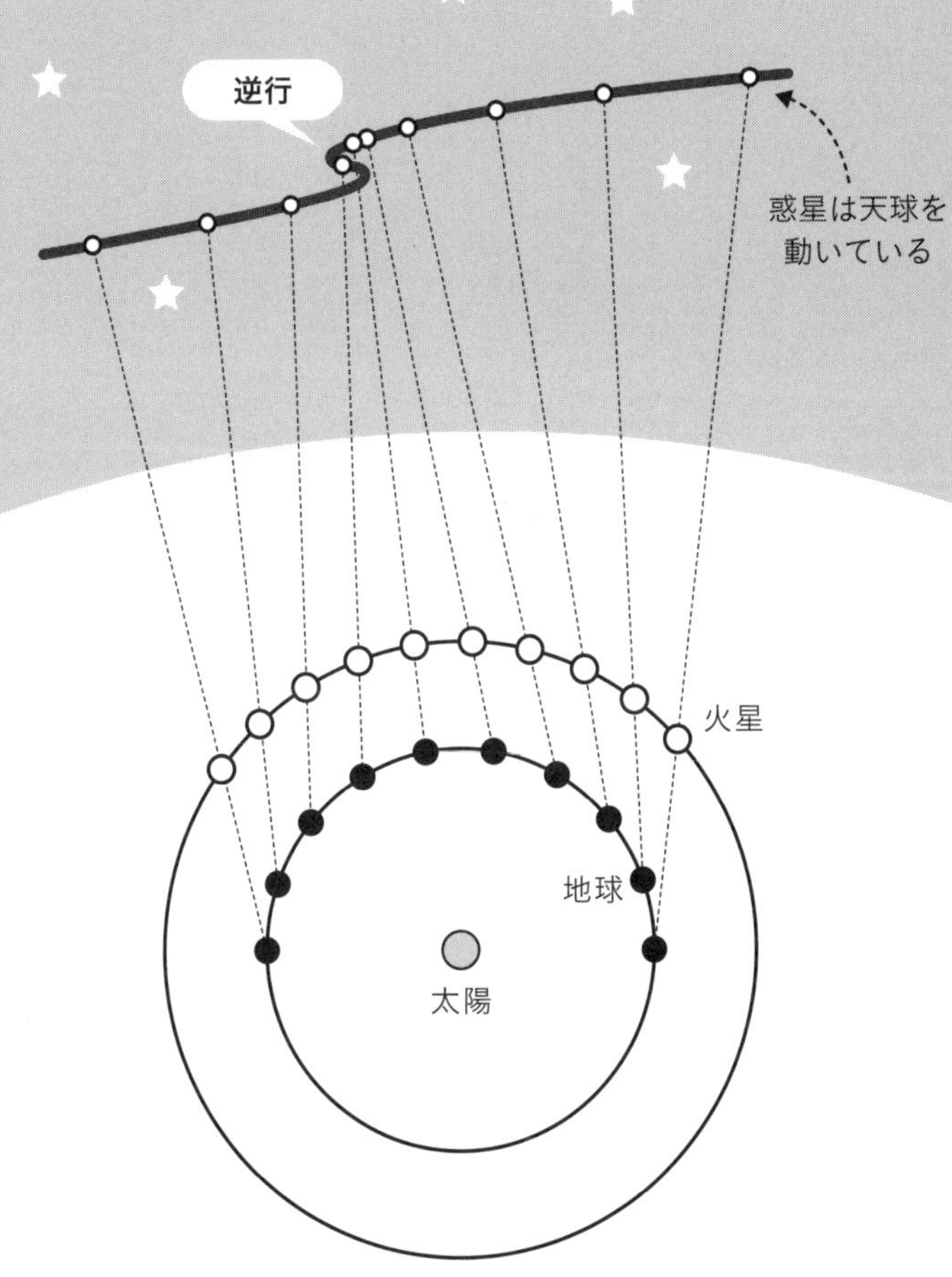

ます。今の時代ではすっかり常識ですね。ところが地動説が受け入れられるまでには長い歴史があったのです。

地動説と言えばニコラウス・コペルニクスが有名ですが、コペルニクス以前にも地動説を唱えた人物は何人もいたのです。その中でも特に驚くのは、古代ギリシャ時代のアリスタルコスです。彼は人類の歴史上最初に科学的な観測に基づいて地動説を唱えたと考えられています。

地球から見た太陽と月はほぼ同じ大きさに見え、しかもどちらが大きいかは太陽・地球・月の位置関係によって入れ替わります。そのおかげで、たまたま月の方が大きく見える時に日食が起これば皆既日食、たまたま太陽の方が大きく見える時に日食が起これば金環食と、異なる種類の日食が楽しめるのです。[28] 皆既日食や金環食が起こるということは、月は太陽より手前にあるということです。このことから、実際の大きさは太陽の方が月より大きいことがわかります。

では太陽の大きさは月の何倍でしょうか？　アリスタルコスは半月の観測からこれを求めました（図2－2）。半月ということは、太陽－月－地球の角度は90度のはずです。この時の月－地球－太陽の角度を測れば、月までの距離と

28　私自身は2009年7月22日に小笠原で皆既日食を、2012年5月20日に町田で金環食を見ることができました。特に皆既日食は一見の価値がありますので、まだ見たことがない人は是非ともチャレンジしてください。

図 2-2　アリスタルコスによる「太陽・月・地球」の大きさ・距離の測定

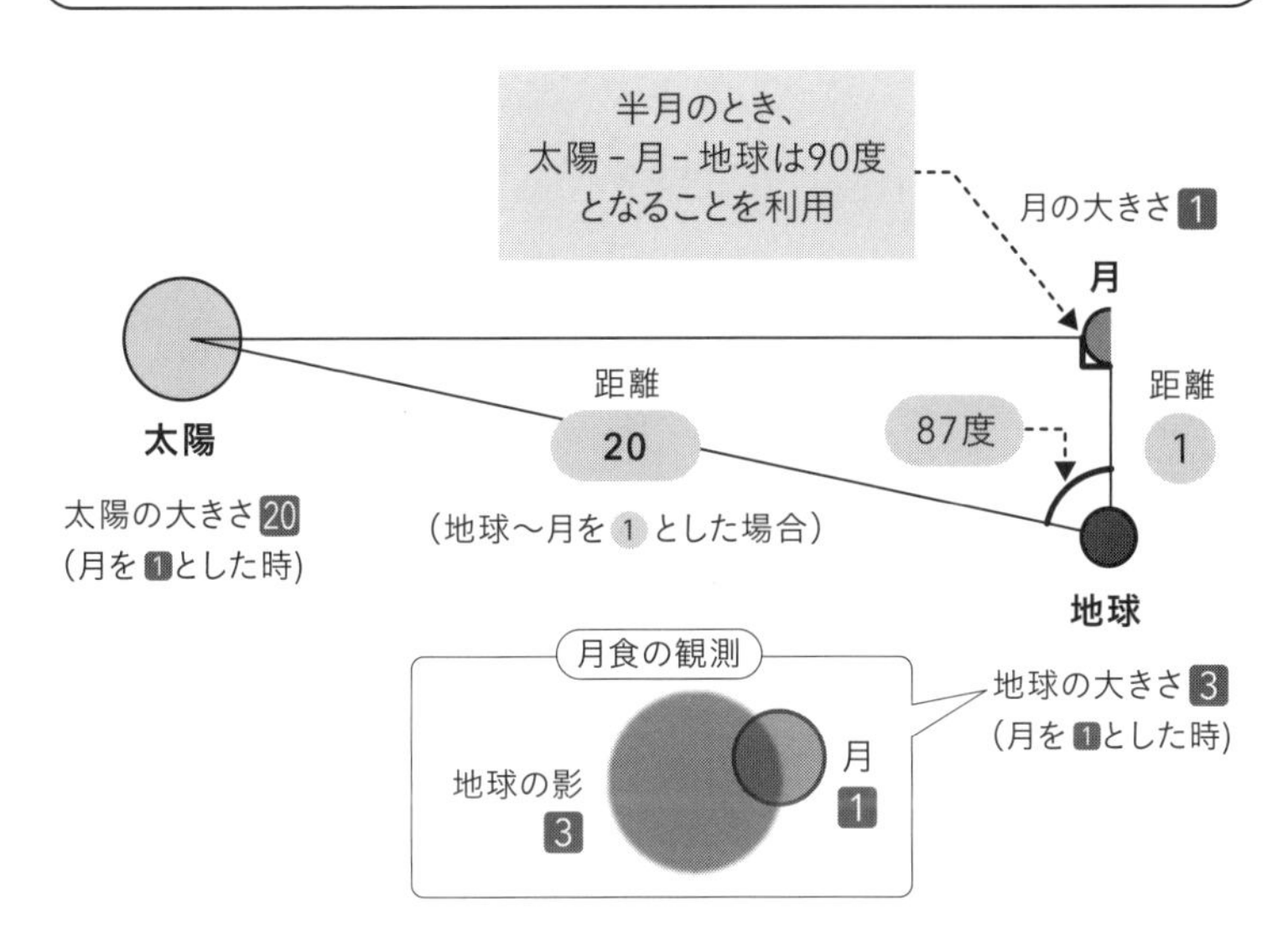

太陽までの距離の比が求まります。アリスタルコスが求めた月 - 地球 - 太陽の角度は約87度で、そこから太陽までの距離は月までの距離の約20倍と求まりました。太陽と月の見た目の大きさが同じということから、太陽の大きさは月の大きさの約20倍ということになります。

次にアリスタルコスは地球と月の大きさを比べるため、月食を観察しました。月食とは地球の影の中を月が通過する天文現象なので、月食の観測から月と地球（の影）の大きさを比べたのです。ここから、アリスタルコスは地球の大きさは月の大きさの約3倍と求めました。以上から、太陽は地球の7倍近くも大きいと結論しました。そんな大きな天体が小さな地球の周りを回るのは不自然ではないか、むしろ地球が太陽の周りを回っているのではないか、と考えたのです。紀元前300年頃、日本では卑弥呼の時代より500年も昔の縄文時代から弥生時代にかけての頃の話です。すごいと思いませんか？

実際は半月の時の月-地球-太陽の角度は89・85度なので、太陽は月の約400倍の大きさです。さらに、月の位置では地球の影のサイズは実際の地球のサイズよりも小さくなってしまうことを考慮すると、実際は地球の大きさは月の約4倍です。したがって、アリスタルコスの求めた数字は実際の値とはかなり異なります。しかし当時の測定精度だとこれは仕方のないことですし、何よりもこの時代に実際の天文観測で得られた結果から科学的な考え方に基づいて地動説を唱えたということが驚くべきことです。

金星の満ち欠けが地動説の決定的証拠

それから約1800年後、コペルニクスが地動説を唱え、ガリレオがそれを支持しました。ガリレオは望遠鏡で初めて天体観測を行なった人物として有名です。望遠鏡という新しい道具で宇宙を見ると、今まで見えなかったものが次々と見えてきて、様々な発見がありました。

その中でも特に有名なのが、ガリレオ衛星の発見です。レーマーが光速を測るのにガリレオ衛星を用いたと1章2節で紹介しましたね。

望遠鏡で木星を観測したガリレオは、木星の周りを回る4つの天体を発見しました。天動説では、全ての天体は宇宙の中心である地球の周りを回っていると考えますが、ガリレオ衛星の発見は明らかに地球以外の天体の周りを回る天体の初めての発見であり、天体は必ずしも地球（すなわち宇宙の中心）の周りを回らなくてもよいということを意味します。この発見により、全ての天体が（宇宙の中心である）地球を回る天動説ではなく、地動説を信じるきっかけとなったようです。

さらに地動説を確信する決定打となったのが**金星の満ち欠け**の観察です。地動説と天動説では、太陽と金星の位置関係の違いから、金星の満ち欠けのパターンが異なります（図2-3上）。そして、ガリレオが望遠鏡で観察した金星の満ち欠けのパターンは、地動説を支持していたのです（図2-3下）。だからガリレオは自信を持って「それでも地球は回っている」と言えたのです[29]。

金星の満ち欠けは中学校の理科で教わりますが、それが「太陽が地球の周りを回っているのではなく、地球が太陽の周りを回っている」ことの直接的な証拠だという事実に驚く人も多いでしょう。このように金星の満ち欠けとは、天動説か

29　実はガリレオは実際にはこの発言はしておらず、後世の人が付け加えた逸話だとする説もあります。

図 2-3　地動説(左)と天動説(右)における金星の見え方の違い

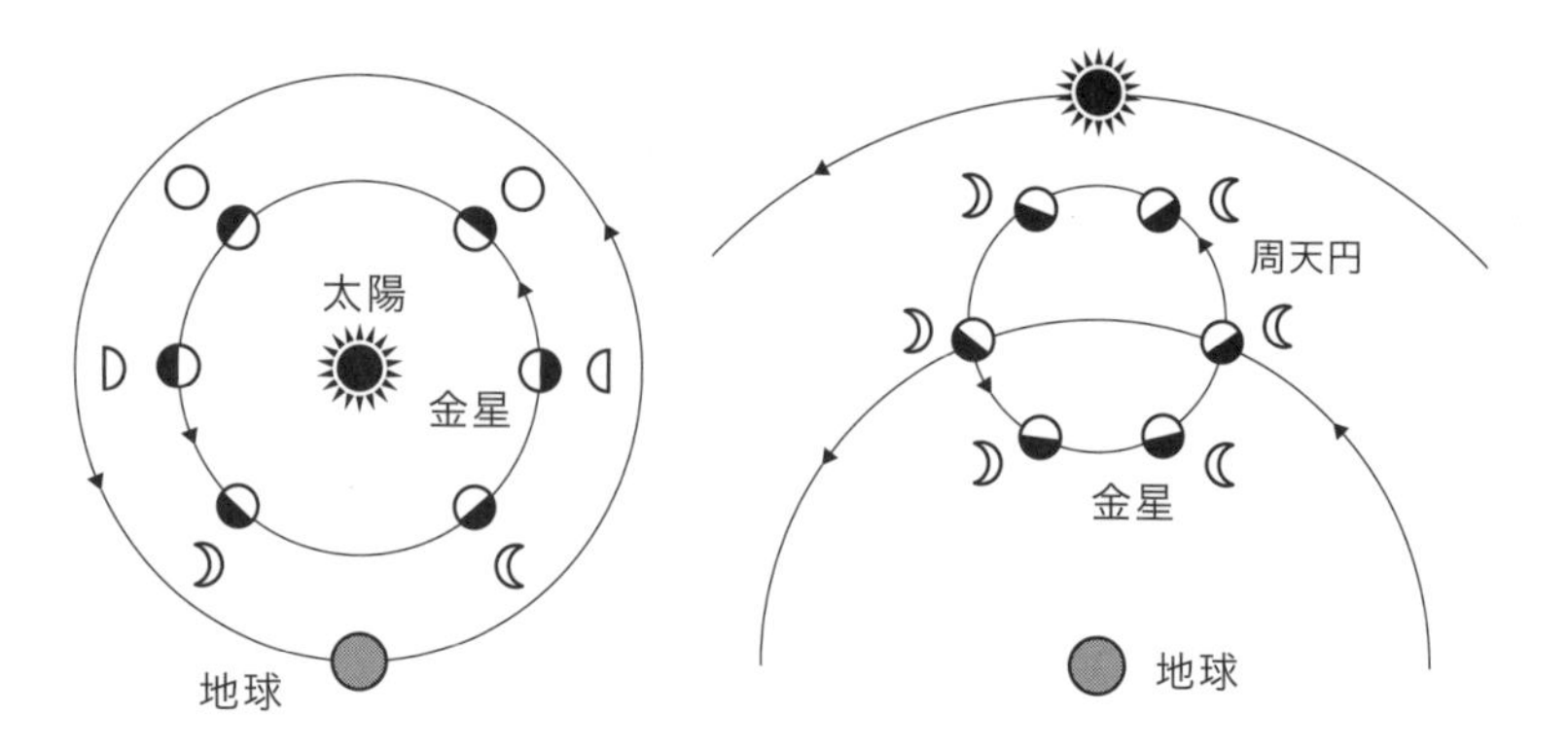

当時の天動説では、惑星の見かけの運動をよりよく表現するために、惑星は「周天円」上を回りながら、その周天円が地球の周りを回ると考えられていた。

観測される金星の満ち欠けのパターンから「地動説が正しい」とわかる

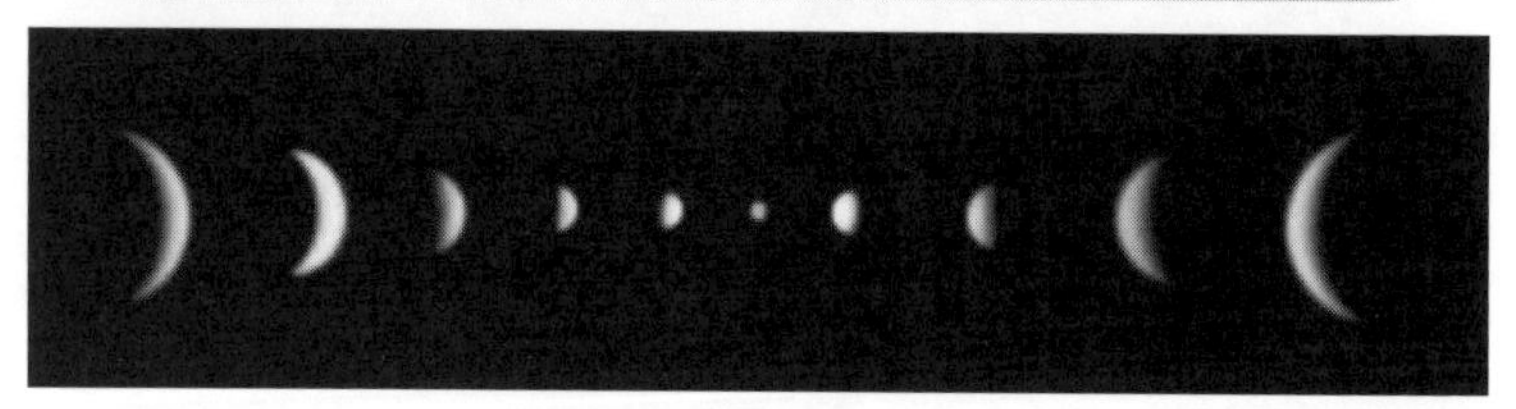

提供：アストロアーツ／大熊正美

ら地動説という人類史上最大クラスのパラダイムシフトを、望遠鏡による簡単な天文観測で追体験できる非常によい教材なのです。機会があれば是非、望遠鏡で金星を見て、地球が動いていることを実感して欲しいと思います。

また、中学校の先生には是非とも、そういう観点から金星の満ち欠けを学校の授業で教えて欲しいと思っています。

2.2 太陽系の大きさを測る

アリスタルコスは、太陽までの距離は、月までの距離の20倍だと求めましたが（実際は約400倍）、実際はどうやって月や太陽までの距離を求めるのでしょうか？　天体までの距離を知ることは、宇宙の大きさのスケールを掴む上でとても重要なので、次は太陽系内の天体までの距離について考えていきます。

月までの往復時間

地球から最も近い天体といえば月です。月までの距離はどうやって測るのでしょうか？　月といえば、人類が今まで直接行ったことがある唯一の天体です。アメリカ航空宇宙局（NASA）は1969年のアポロ11号から1972年のアポロ17号までで計12人の宇宙飛行士を月面に送り込んでいます。[30]このうち、アポロ11号、14号、15号の月面着陸において、コーナーリフレクターが月面に設置されました（図2 - 4上）。

コーナーリフレクターとは、鏡を3枚それぞれ直交するように配置したもので、光を来た方向と同じ方向に反射します（図2 - 4下）。身近な例としてこの性質を利用しているのが、自転車の後ろなどについている反射器です。夜に車にヘッドライトをどの方向から当てられても、その光をその車の方向に反射するので、運転手は自転車の存在に気付けるのです。

そのような反射器が月面にも設置されているので、地球から月面のコーナーリフレクターめがけてレーザーを発射すると、その発射した地点にレーザー光は帰ってきます。光の速度は一定なので、レーザーを射ってから帰っ

30　アポロ計画は常に3人体制で、2人が月面着陸し、残り1名は月の周回軌道を回る司令船で待機していました（ちょっとかわいそうですよね）。アポロ13号は映画にもなった有名な事故のため月面着陸せずに地球に帰還したため、他の6回のミッションで計12人が月面に降り立ちました。

図 2-4　月面に設置されたコーナーフレクターとその原理

出所：NASA

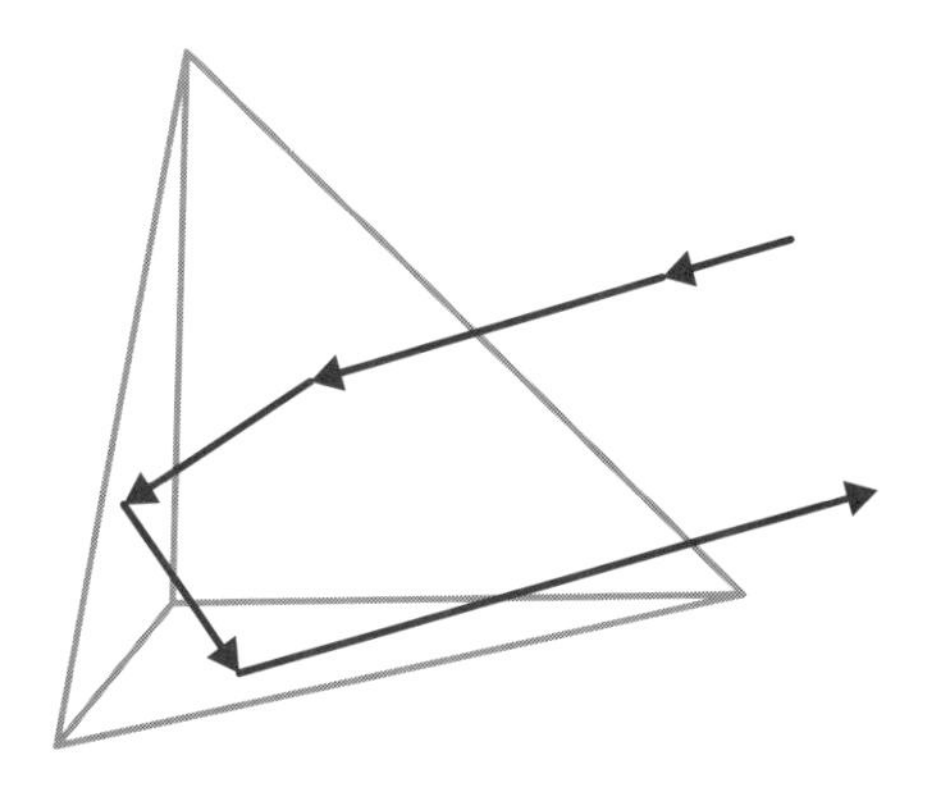

てくるまでの時間を計れば、その距離が求まるわけです。今ではこの方法により、月までの距離をミリメートルの精度で測ることができており、毎年3・8㎝の割合で月が地球から遠ざかっていることもわかっています。[31]

三角測量による距離の測定

光の反射を使ったこのような正確な距離測定ができるようになったのはここ50年ほどの最近の話です。またこの方法で距離が測定できる天体も月などのとても近い位置にある天体に限られます。

ではそれ以前はどうしていたかというと、視差を用いた**三角測量**で距離を測っていました。車や電車に乗っていると、遠くの景色はほとんど動かないように見えるのに、近くの景色はとても速く流れていきますよね。これが一種の視差です。離れた2地点から景色を見ると、遠くの背景に対して、近くの物は異なる方向に見えます。この時の2点間の距離と、見える方向の角度を計れば、そこから三

31　これは地球と月の潮汐力が原因です。潮汐力とは地球と月の間に働く重力による影響の一種で、潮の満ち干きの原因となっている力のことです。この潮汐力により、地球と月の自転速度はそれぞれ遅くなり、互いの距離が遠ざかっていくのです。ちなみに地球の自転は2000年前と比べると地球が1回転するのにかかる時間（すなわち1日の長さ）は0.04秒も長くなっています。これはわずかな違いのように感じますが、この効果を考慮しないと、中国の古い記録に残っている2000年以上前の日食を説明できません。逆に言うと、2000年前に観測された日食の記録が、地球の自転が確かに減速している証拠の1つにもなっているのです。

図2-5　視差を用いた三角測量による距離測定

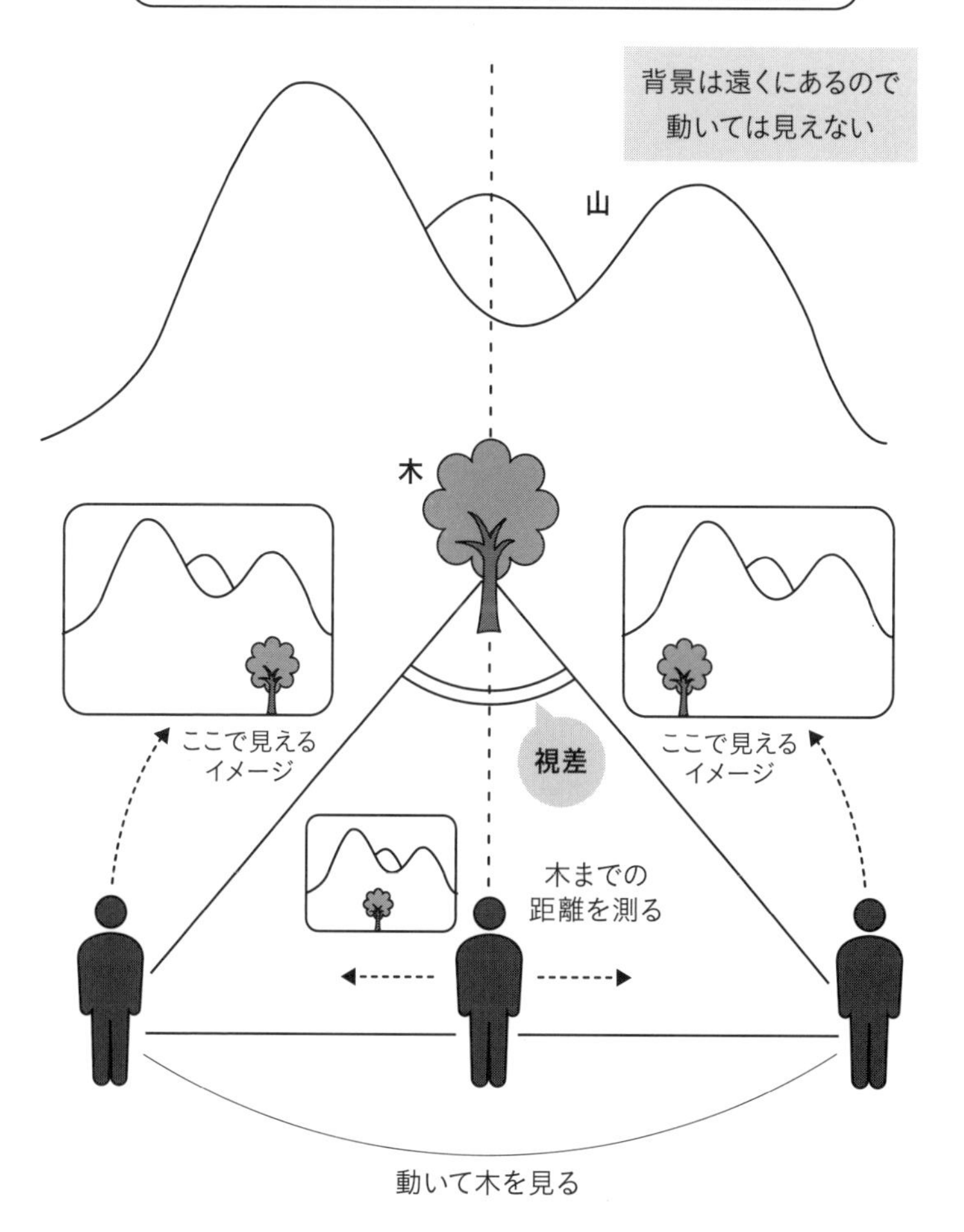

角比を使って距離を求めることができるのです（図2-5）。

ここで視差を体感してみましょう。親指を立て腕を前にピンと伸ばしてみてください。この状態で目をパチパチさせ、右目だけ、左目だけで親指を見ると、背景に対して親指の見える位置が異なりますよね。これが、右目と左目という異なる位置から親指を見た時に生じる視差です。脳はこの情報を利用して、立体的に周囲を認識しているのです。

金星の日面通過という一大イベント

他の距離測定の方法として、「調和の法則」とも呼ばれるケプラーの第3法則[32]を用いる方法もあります。ケプラーの第3法則とは、「惑星の公転周期の2乗を軌道半径の3乗で割った値は常に一定」というものです。式で書くと、Tを公転周期、rを軌道半径として、「T^2/r^3＝一定」です。

例えば地球の場合、公転周期は1年です。また、地球の公転半径、すなわち地球から太陽までの距離は**1天文単位**と呼ばれています。これを代入すると、$1^2/1^3=1$ となります。次に太陽から木星までの距離 $r_{木星}$ を

32　ここでケプラーの第3法則（調和の法則）が出てきたので、残りのケプラーの法則も紹介しておきます。
ケプラーの第1法則（楕円軌道の法則）：惑星は、太陽を1つの焦点とする楕円軌道上を動く。

ケプラーの第2法則（面積速度一定の法則）：惑星と太陽とを結ぶ線分が単位時間に掃く面積は一定である。

太陽の前を通過する金星　提供：国立天文台

太陽観測衛星「ひので」から見た金星の日面通過　提供：国立天文台 /JAXA

図 2–6：2012 年 6 月の「金星の日面通過」

求めたいとしましょう。天文観測によって、木星の公転周期は約12年だと求まります。これを先ほどの式に代入すると $12^2/r_{木星}^3=1$ より、太陽から木星までの距離は、$r_{木星}=5.2$ 天文単位だと求まります。このように、ケプラーの第3法則を用いれば、惑星の公転周期を天文観測から求めることで、その惑星と太陽までの距離が何天文単位かを求めることができます。

では、1天文単位は一体何kmなのでしょう。ここでまたもや金星が活躍します。太陽までの距離は、**金星の日面通過**を使って測ることができるのです。金星の日面通過とは、太陽の前を金星が横切る現象のことです。金星版の日食ですね。太陽と月による日食では見た目の大きさがほぼ同じでしたが、金星の日面通過では、太陽と金星の見た目の大きさは大きく異なります（図2-6）。

離れた2地点間で金星の日面通過を観測すると、先ほど説明した視差を用いて金星までの距離が何kmか求まります。また、金星の公転周期は224・7日=0・615年なので、ケプラーの第3法則から太陽-金星間の距離は0・72天文単位だと求まります。これらを組み合わせると、1天文単位は約1億5000万kmだと求まるのです。[33]

ところが金星の日面通過は非常に珍しい現象なのです。人類が初めて金星の日面通過を観測したのは1639年。それ以降、1761年、1769年、1874年、

33　2012年に、1天文単位は149597870700mとすると定められました。

図 2–7：神戸市諏訪山公園にある金星観測記念碑

著者撮影

1882年、2004年、2012年と、人類はまだ金星の日面通過を7回しか目撃していないのです。次に金星の日面通過が起こるのは、2117年です。皆既日食なんかとは比べ物にならない激レア天文イベントですね[34]。しかも金星の日面通過を見ることができるのは、地球上の一部に限られますし、天気が悪ければ観測できません。

太陽までの距離を測るということは科学的にもとても重要です。そこで当時は、金星の日面通過を観測するため、欧米各国が世界中に観測隊を派遣したのです。1874年の観測の時には、日本もその舞台となりました。1874年とは明治7年、明治維新直後で文明開化真っ盛りの頃です。アメリカやフランスから「金星の日面通過の観測のために観測隊を派遣したい」との打診を受けた明治政府は、最初は意味がさっぱりわからなかったようです。なぜ金星を観測するためだけにわざわざ日本まで来る必要があるのか、きっと何か裏があるに違いないと疑いたくなる気持ちもわからないでもないですね。しかし、来日中だったアメリカの教育家ダビッド・モルレーの適切な助言等もあり、明治政府は観測の主旨を理解し、観測隊を受け入れると同時に、日本からも何人か観測隊に同行させて、当時の最先端の科学観測技術を学ばせたそうです。結局、横浜・神戸・長崎で観測が行なわれ、現在ではそれらの観測地点に記念碑も残っています（図2-7）。

ちなみに現在では、月と同様にレーダーを使って金星までの距離を求めています。金星にはもちろんコーナーリフレクターは設置されていませんが、金星表面で反射されるわずかな電波を受信して距離を測っているのです。

2.3 きらきら光る夜空の恒星

今までは太陽系内の惑星について見てきました。ここからは恒星について見ていきましょう。

恒星とは、太陽のように自分で光っている星のことです。夜空を見上げて肉眼で見える天体のうち、水星・金星・火星・木星・土星の5惑星と、地球の衛星である月を除いた星が、恒星だと思ってもらえればよいでしょう[35]。昼間に輝く太陽も恒星の一種です。別の言い方をすると、夜空を見上げて、文字どおり「星の数ほど」見える恒星の一つ一つが、あの太陽のように明るく熱く輝いているのです。

では次に、恒星とはどんな天体なのかについて考えていきましょう。

34　私は2012年6月6日の金星の日面通過をこの目で見るために、その日は有給休暇をとりました。当時は神奈川県相模原市に住んでいたのですが、天気予報によるとその日は曇りの予報だったので、前日夜からインターネットで天気図を見ながら、車で晴れている所に移動しました。結局、岐阜県で無事に金星の日面通過をこの目で見ることができました。ちなみに相模原市でも曇り空の合間から金星の日面通過を見ることができたそうです。

35　オリオン星雲など、肉眼で見えるが恒星でない天体もいくつかは存在します。また、国際宇宙ステーションなどの人工衛星も肉眼で見えますが、人工物なのでここでは考えません。

空気のない宇宙でどうやって燃えている？

恒星とはどんな天体なのでしょうか。恒星の代表といえば太陽です。太陽が宇宙空間で今でもずっと燃え続けているおかげで、地球には昼があり、快適な気温となっています。

ところで、宇宙空間は真空ですから、空気は当然ありません。その一方で私たちは、物が「燃える」ためには酸素が必要だということを小学校で習ってきました。私たちが日常的に目にする燃焼とは、主に炭素に酸素が反応して二酸化炭素となる化学反応です。化学式で書くと $C + O_2 \rightarrow CO_2$ です。では太陽は、酸素がない真空の宇宙空間で、どうやって「燃えて」いるのでしょう？　正解は、私たちが小学校で習った「燃焼」とは異なる反応で「燃えて」いるのです。

太陽は、実は水素とヘリウムの塊です。太陽の重さの約3/4が水素、残り1/4がヘリウムで、水素とヘリウム以外の元素は約２％しか含まれていません。太陽は自分自身の重さで中心に向かってつぶれようとしています。そうすると、太陽の中心部では水素が圧縮され、ものすごい高温高圧となります。太陽の表面温度は約６０００度ですが、中心部の温度は約１５００万度にもなるようです。

そのような高温高圧の環境下では、水素原子が４個くっついて、１個のヘリウム原子に「核融合」します。ここで、水素原子がヘリウム原子になると聞いてビックリしている人は、中学校の時に真面目に理科を勉強していた証拠かもしれないですね。というのも、学校の教科書などには「原子は物質の基本構成要素なので、別の種類の原子に変化することはない」と書かれていることがあるからです。けれども実はこれは間違いで、核分裂や核融合などが起こると、別の種類の原子に変化するのです。太陽の中心では、まさにそのような核融合反応が起こっていて、この時に発生したエネルギーで、太陽は自重を支え、あれほどに熱く明るく輝いているのです。太陽のように、中心で水素からヘリウムへの核融合で輝いている恒星のことを**主系列星**と言います。

星の人生を巡る

この調子で太陽が中心部で水素を燃やし続けると、それによって生成されたヘリウムが中心部に溜まっていき、その周囲で水素の核融合が起こるようになります（図2－8の第2段階）。中心部のヘリウムは燃えていないので自重を支えきれず、中心に向かって収縮していくのですが、周囲で水素が燃えることによりヘリウムという「灰」がどんどん作られるので、ヘリウムがどんどんと溜まっていき、その重さにより中心はますます収縮してより高温高圧

図 2-8　太陽の内部の変化

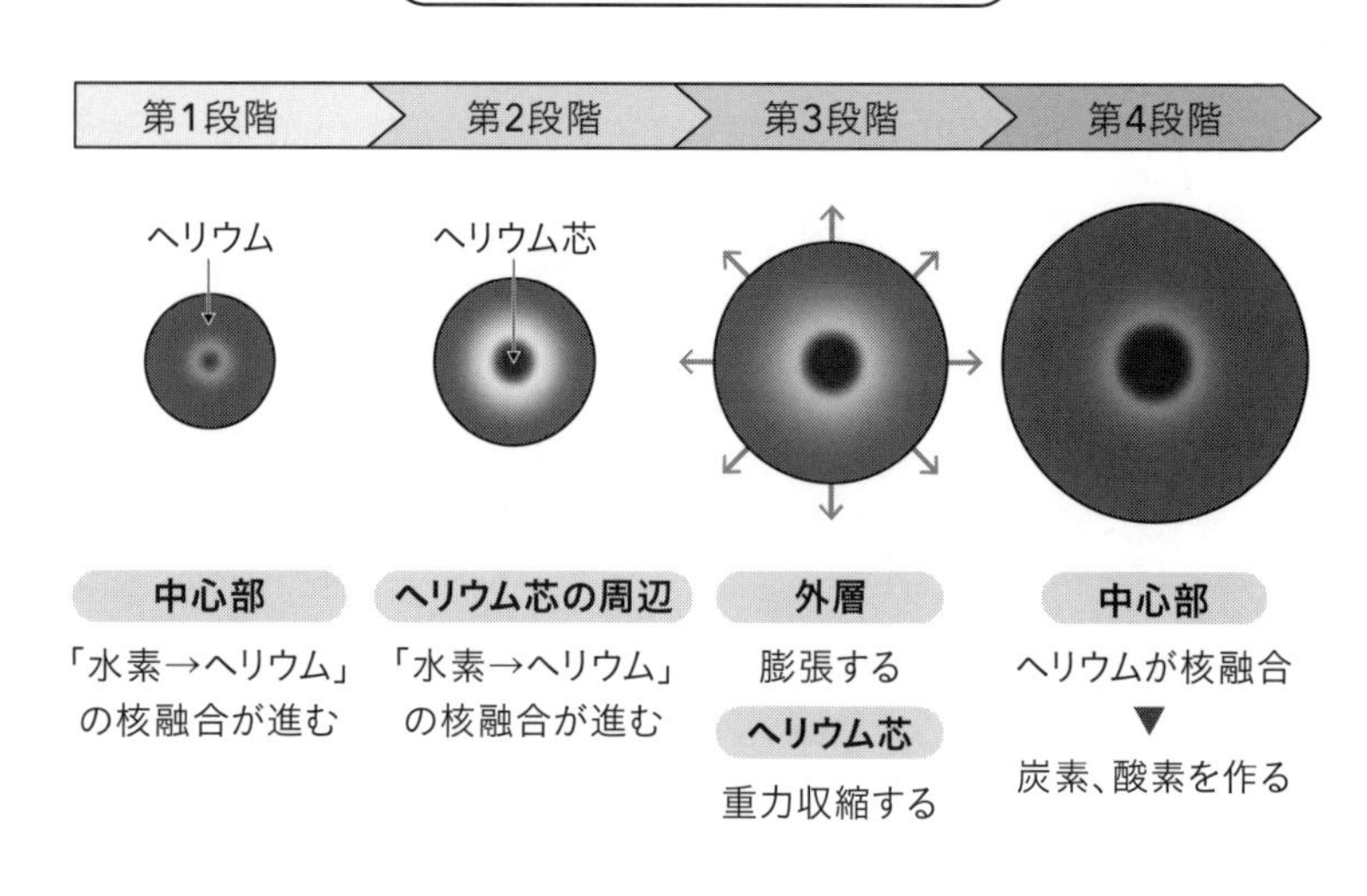

になっていきます（図2－8の第3段階）。そして、中心部の温度が約1億度ほどになると、ヘリウムが核融合反応を起こし、炭素や酸素を作り始めます（図2－8の第4段階）。

一方、外層の水素は中心部で発生した熱を受け取って広がっていき、表面温度は下がってきます。太陽の場合は半径が約200倍になるほどに膨らみ、今の地球の軌道に達するほどに広がると考えられていて、表面温度は3000度程度になります。このような状態の星を**赤色巨星**と言って、おうし座のアルデバランなどが有名です。太陽の50億年後の姿でもあります。

広がっていった星の外層の水素は、

星の重力から逃れ宇宙空間に放出されます。そして最終的には熱い中心部のみが取り残されます。この取り残された中心部のことを**白色矮星**と言い、白色矮星によって照らされた周囲の放出された水素ガスのことを惑星状星雲[36]と言います（図2-9）。太陽の進化はここでおしまいで、あとはゆっくり時間をかけてじわじわと白色矮星は冷えていきます。

ここでは太陽を例に挙げて恒星の進化を説明しました。実際はその恒星の重さによって進化の道筋は異なってきます。例えば太陽より重い星は、最終的には白色矮星にならずに、超新星爆発を起こしたり、ブラックホールになったりするものもあります（ブラックホールについては4章で詳しく扱います）。

重要なポイントは、夜空に輝く恒星は、基本的には「水素などが核融合反応をして光っている」という点です。そして、光る原料がある以上、いずれはその原料がなくなり、恒星は一生を終えます。つまり、恒星にも寿命があるのです。太陽の場合、寿命は約１００億年で、今はちょうどその中間地点あたりにいると考えられています。この「恒星の寿命は（太陽程度の質量の場合は）約１００億年」というのは、「なぜ夜空は明るくないのか？」の謎を解く鍵となるので、覚えておいてください。

36　「惑星状星雲」という名前が付いていますが、地球や木星のような惑星とは関係ありません。昔、望遠鏡で見ると惑星のように見えたことからこのような名前が付けられました。

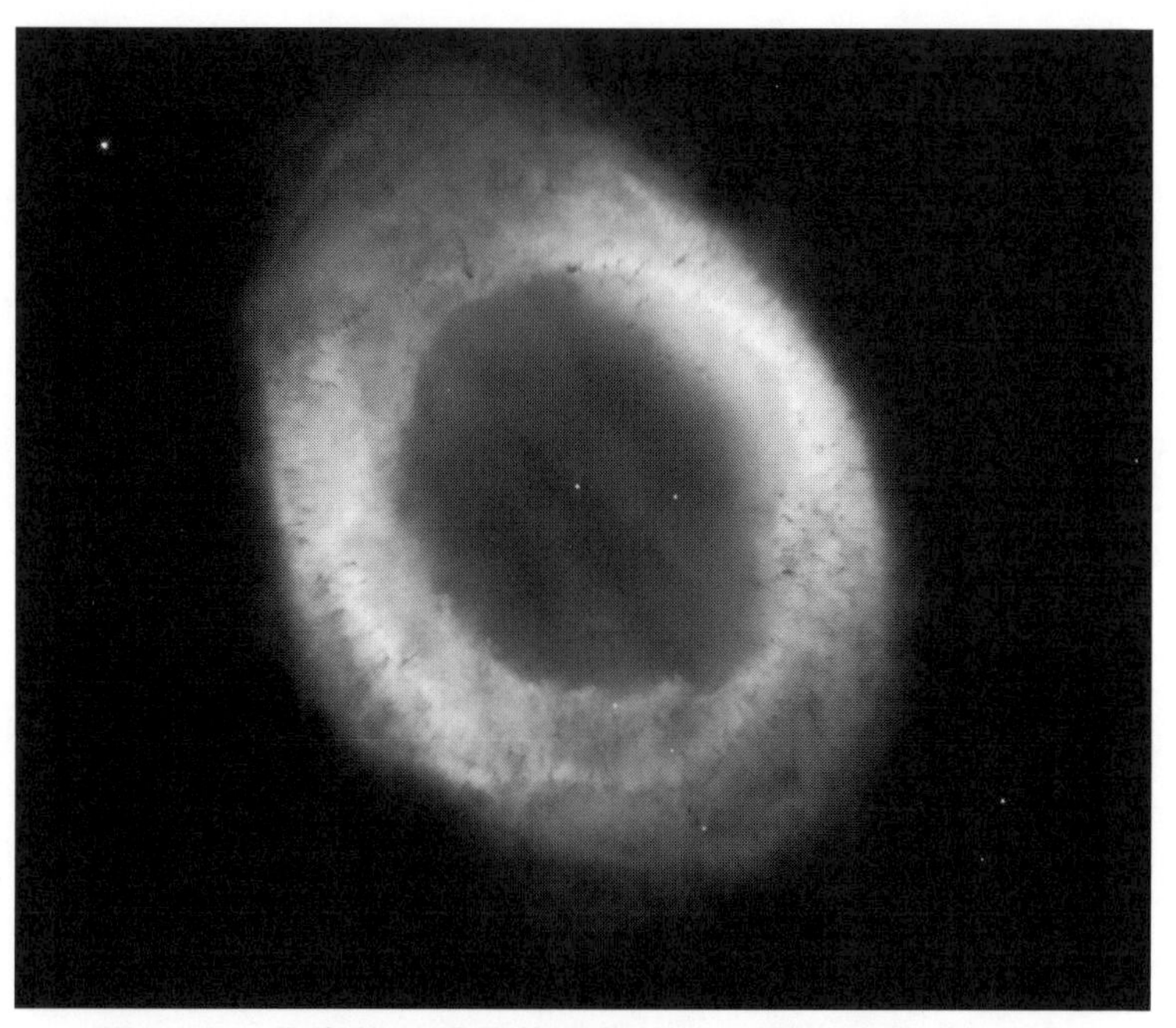

図 2-9：代表的な惑星状星雲である環状星雲（M57）

出所：NASA

恒星までの距離

次に恒星までの距離の測り方について考えていきましょう。恒星はもちろん太陽系の外にあるので、惑星よりもはるかに遠くにあります。ですから、月や金星までの距離を測るように、レーダーを打って反射光を受けるなんてことはできません。そもそも光の速さでも片道何年もかかってしまいます。また、恒星は太陽の周りを回っていないので、ケプラーの第3法則も使えません。

ではどうやって恒星までの距離を測っているかというと、実は意外にも最も基本的な方法、視差を用いた三角測量（2章2節）です。この方法は、離れた2点から同じものを見た時の、見える方向のズレからその距離を測る方法でした。けれども、恒星までの距離は非常に遠いので、検出できるほど見える方向がずれるためには、できるだけ遠く離れた2地点からその恒星を観測する必要があります。

そこで、私たちが利用できる最も長い距離を使います。それは地球の公転軌道です。地球は太陽の周りを回っているので、1度目の観測から半年後に同じ恒星を観測すれば、その時の地球の位置は地球の公転軌道の直径、すなわち2天文単位＝約3億km離れていることになります。この距離のおかげで、（比較的近くにいる恒星に対しては）位置が少しずれて見え

図 2-10　年周視差による恒星までの距離測定

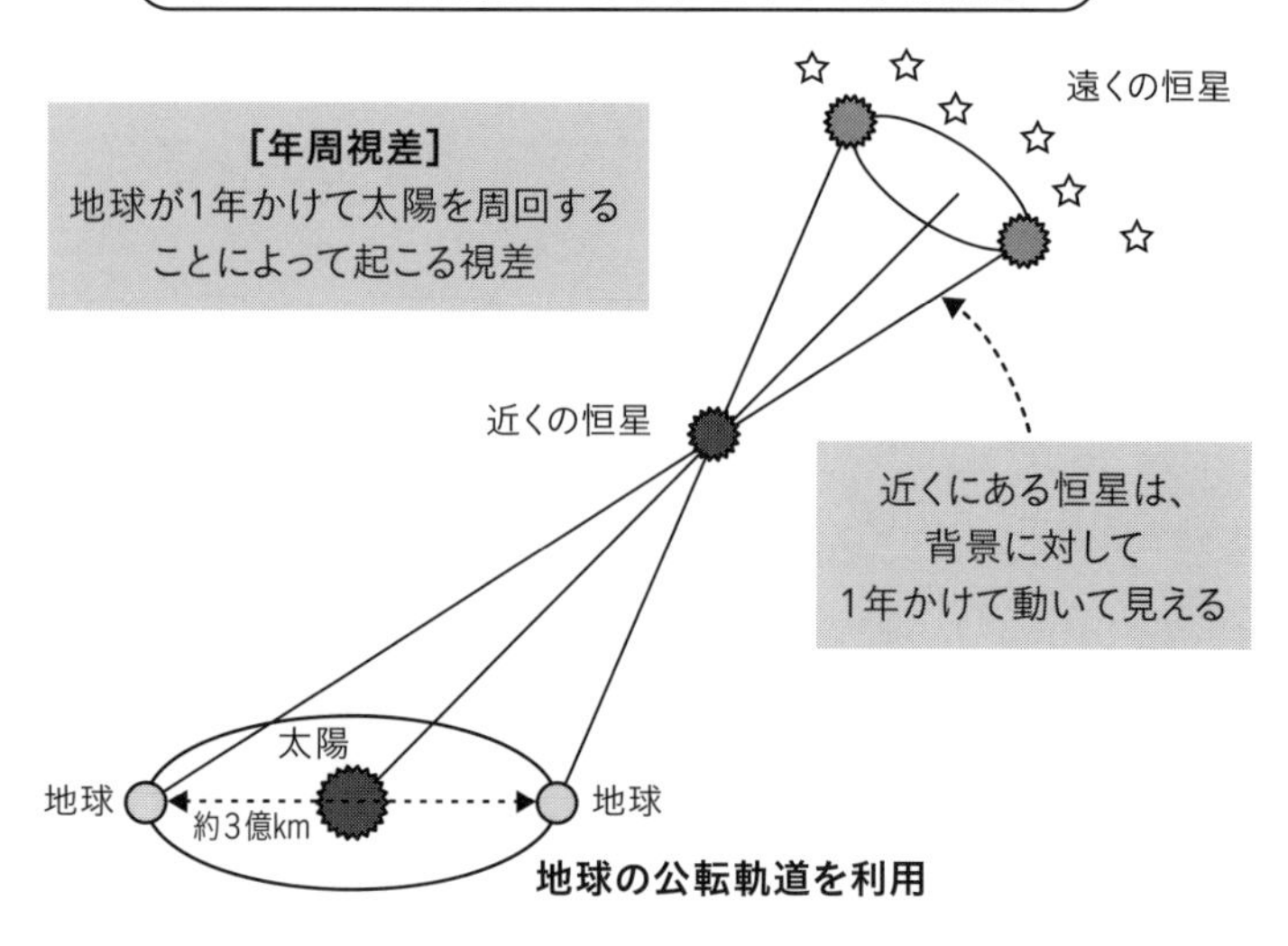

ます（図2-10）。この視差のことを、地球が1年かけて太陽を周回することによって起こる視差ということで、**年周視差**と言います。ただし、恒星はとても遠くにあるので、2天文単位=約3億kmという距離を使っても、年周視差を検出できる天体はごく限られています。そこで、年周視差はどれほど小さいのか、言い方を変えると、恒星はどれだけ遠くにあるのかを見ていきましょう。

天球上での距離を表す角度

空（天球）の上での星と星の間の

間隔は角度で測ります。例えば真東から天頂までは90度で、そこからさらに真西まで行くと180度ですね。太陽や満月の大きさは約0・5度です。

空の角度の測り方には簡単な方法があります。手をピンと伸ばした時、握りこぶしのサイズが約10度で[37]、指の太さが約2度です。これは子供でも大人でもほぼ同じです。なぜなら、体が成長して握りこぶしのサイズが大きくなっても、腕も同時に長くなるので、腕を伸ばした時の握りこぶしを見込む角度はほぼ変わらないからです。実際に、腕をピンと伸ばして指の太さを見てみると、満月の大きさが指の太さの1/4しかないとは信じられないですが、実際に腕の伸ばして指と満月を重ねてみると、満月は指にすっぽりと隠れることが確認できるので実際にやってみてください[38]。

では、年周視差はどの程度の角度だけズレて見えるのかというと、なんと1秒角＝1／3600度[39]以下です。年周視差が1秒角になる距離のことを**1パーセク**と言います。1パーセクは約3・26光年＝20万天文単位＝約30兆㎞です。一方、太陽以外で地球から最も近い恒星はアルファケンタウリ[40]という恒星なのですが、この最も近い恒星でも1・35パーセクも離れているので、年周視差は0・75秒角程度になってしまいます。

37　実際に手を伸ばして、握りこぶしを真横に水平に伸ばした状態から、握りこぶし1個分ずつずらしながら、真上に移動させてみてください。約9回分の移動で腕が真上に来るはずです。
38　1995年のアメリカ映画「アポロ13」にまさにそのようなシーンがあります。
39　1分角とは1/60度のことで、1秒角とは1/60分角=1/3600度のことです。
40　アルファケンタウリは日本からだと奄美以南でないと見ることはできません。

星までの距離を測定するためには、星の位置を高精度で測定して年周視差を検出する必要があります。最初に年周視差を検出したのは、フリードリヒ・ベッセルでした。彼は1838年に、はくちょう座61番星の視差を0・3136秒角だと観測し、そこからこの恒星までの距離を約3パーセクだと求めました。この観測によって人類は初めて、夜空に輝く星までの距離のスケール、すなわち宇宙の大きさのスケールを知ることになったのです。

より遠くの恒星の距離を測るためには、より小さな年周視差を検出する必要があります。しかし、地上からの観測では、地球大気が常にゆらゆらと揺れているせいで、星の位置もゆらゆらと揺れてしまいます。これを**シーイング**と言います。したがって、星の位置を正確に決めるためには、地球大気の外から人工衛星を使って観測する必要があるのです。

欧州宇宙機関（ESA）は、星の距離を測ることを目的としたヒッパルコス衛星を1989年に打ち上げ、約100パーセク以内の距離にある恒星およそ2万個の距離を正確に測定しました。最近では、同じくESAが2013年にヒッパルコス衛星の後継機であるガイア衛星を打ち上げました。ガイア衛星は約1万パーセクまでの距離の恒星の距離を測定することを目指しています。天の川銀河の中心までの距離が約8000パーセクなので、ガイア衛星によって天の川銀河のサイズが直接測定できると期待されています。ガイアチームは2016年9月に11億個以上もの恒星の正確な位置と明るさのデータを公開しました。今後は2023年までにこのカタログの精度を高めていく予定で、それによって私たちの住む天の川銀河の正確な星の地図を作成します。また、日本でも同様に年周視差を用いて恒星の距離を測定することを目的としたジャスミン計画を準備中です。

天の川の外の世界

太陽系、恒星と、ここまで宇宙をより大きなスケールで見渡してきました。さらに大きなスケールで宇宙を見渡した時に見えてくる構造は、**銀河**です。1章1節でも説明した通り、私たちの太陽系は天の川銀河の中に存在します。では、天の川銀河の外には一体どのような宇宙が広がっているのでしょうか？

アンドロメダ星雲？　それともアンドロメダ銀河？

20世紀初頭、天の川銀河の外の世界については、2つの考え方が対立していました。ひとつは、この宇宙には天の川銀河しか存在しないとする考え方、もうひとつは、天の川銀河のような銀河が、この宇宙には無数にあるという考え方です。

この論争に決着をつける鍵は、M31と呼ばれる天体が握っていました。前者の陣営はこの宇宙には天の川銀河しか銀河はないと考えているので、M31は天の川銀河の中の星雲（宇宙塵やガスの集まり）だと考え、M31をアンドロメダ星雲と呼びました。一方で後者の陣営は、M31は天の川銀河の外にあり、天の川銀河と同等の銀河だと考え、アンドロメダ銀河と呼びました。

ではどちらがM31の真の姿なのか、それを調べるためにはM31までの距離を調べるのが一つの方法です。天の川銀河の大きさよりもM31までの距離の方が短ければ、M31は天の川銀河内にある小さな星雲、M31までの距離の方が遠ければ、M31は天の川銀河の外にある大きな銀河だとわかります。

遠くの銀河までの距離を測る

天体までの距離を決める方法として、年周視差を用いた方法を紹介しました（2章3節）が、この方法は太陽系近傍の天体にしか使えません。より遠くの天体までの距離を求める方法として、**標準光源**を用いる方法があります。標準光源とは、「光度がわかっている天体」のことです。光度とは、その星の実際の明るさのことです。ここで「光度（実際の明るさ）」と「見かけの明るさ」の違いに注意してください。

例えば太陽とシリウスを比べると、地球に住む私たちには当然、太陽の方が圧倒的に明るく見えます。これが「見かけの明るさ」です。太陽の方が明るく見えるのは太陽の方が近くにあるからです。もし太陽とシリウスを同じ距離に置いたとすると、シリウスの方が明るく見えます。つまり、シリウスの方が太陽よりも光度（実際の明るさ）が大きいのです。

標準光源で距離を測る方法を理解するため、まずは恒星の見かけの明るさと、その恒星までの距離との関係について考えます。星は四方八方全ての方向に光を放っています。その恒星を中心として半径1の球面と半径2の球面を考えると、全ての光は必ず両方の球面を通過します（図2 - 11）。この時、2つの球面を通過した光の総量は同じですが、球面の面積は4倍になっているので、光の密度（すなわち見かけの明るさ）は1/4になってしまいます。このように考えると、球面の面積は半径の2乗に比例するので、球面を通過する光の密度、すなわちその距離から見た時の星の見かけの明るさは、距離の2乗に反比例して暗くなっていきます。これを**逆**

41　このような逆2乗の法則は、星の見かけの明るさだけではなく、例えば重力などでも同様に導かれます。

図 2-11　星の見かけの明るさと距離との関係

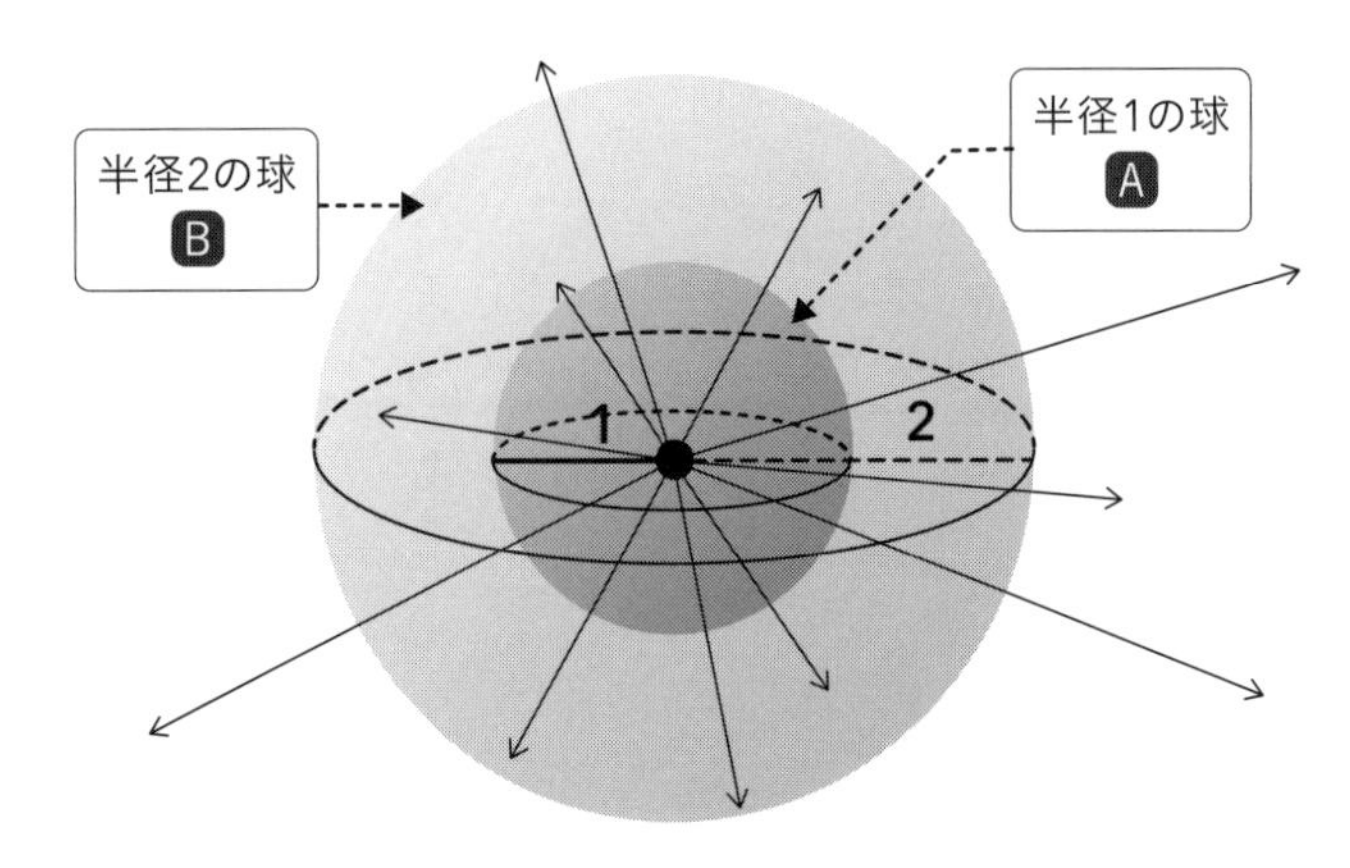

球Bの表面積は、球Aの４倍。すべての光線はA、B両方の球面を通るので、
球面Bでの光線の密度（見かけの明るさ）は球面Aの1/4になる。

2乗の法則と[41]言います。

ここでもし、ある天体Ａが「10パーセクの距離にある時に明るさが１００に見える」という光度を持つとわかっていたとしましょう。次に、別の領域で、同じ光度を持つ天体Ｂが４の明るさで観測されたとします。天体Ｂの見かけの明るさが天体Ａの1/25になっているので、その距離は天体Ａよりも5倍遠い、すなわち50パーセクの距離にある、とわかるのです。

ある種の変光星が「光度がわかっている天体」として標準光源として使うことができます。変光星とはその名の通り明るさが変化する恒星の

図 2-12　セファイド型変光星の周期と光度の関係

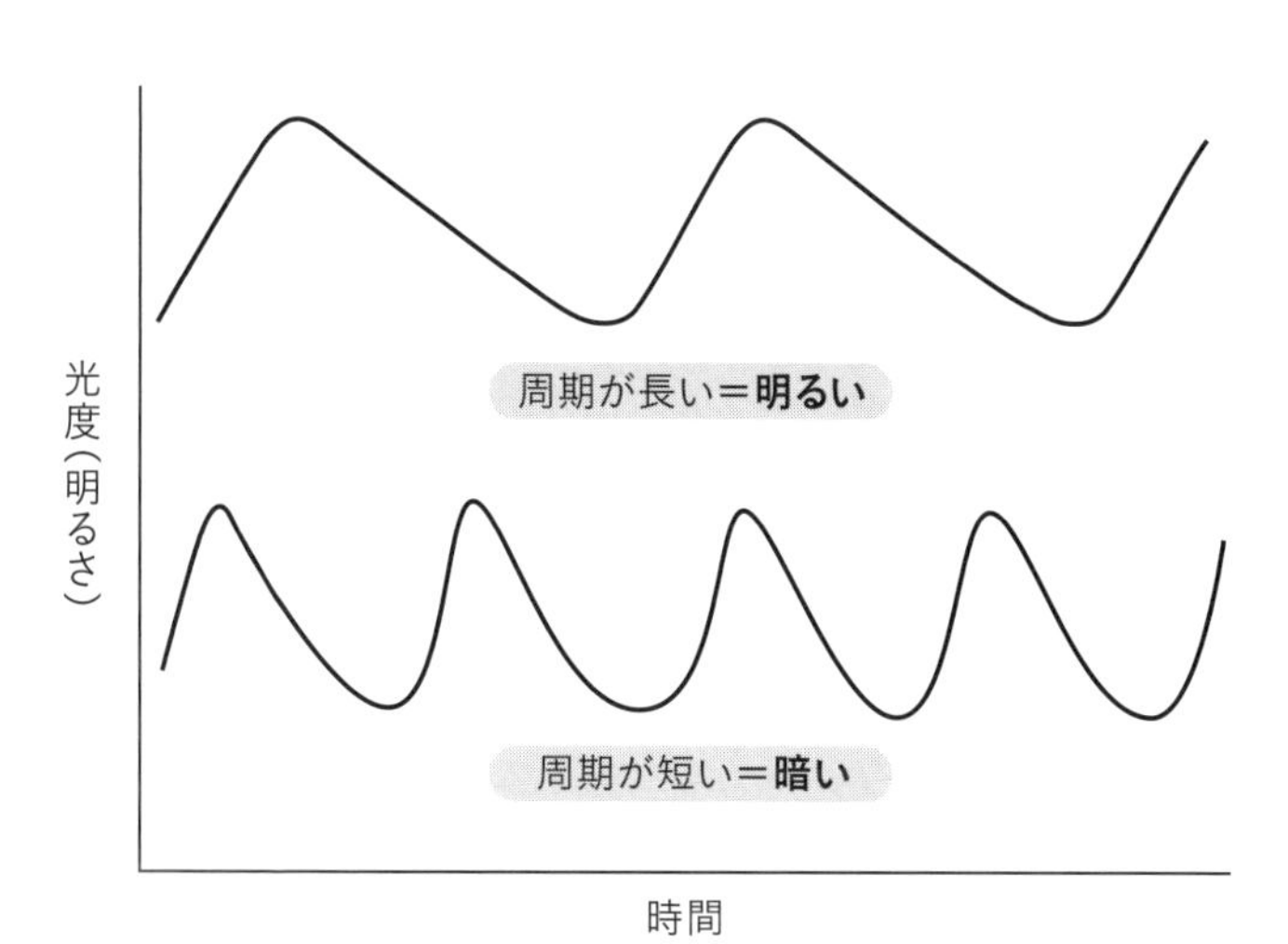

ことです。ある種の変光星には「周期光度関係」という関係があることが知られています(図2-12)。これは、その変光星の明るさが周期的に変光するときの周期と、その変光星の光度に関係があるということです。

光度周期関係が知られている代表的な変光星にセファイド型変光星という変光星があります。すなわち、セファイド型変光星を見つけたら、まずはその変光する周期（数日から数十日程度）を観測します。周期が求まれば、光度周期関係からそのセファイド型変光星の光度を求めることができます。そうして求まった光度と、そのセファイド型変光星を観測したときの見かけの明るさとを比較することで、そのセファイド型変光星までの距離を求めることができるのです。

ハッブルが拡げた宇宙の大きさ

エドウィン・ハッブルは1924年に、アメリカ合衆国カリフォルニア州のウィルソン山にある、当時世界最大の望遠鏡であった口径100インチ（2.5m）のフッカー望遠鏡を用いた観測で、M31の中にセファイド型変光星を発見したと発表しました。セファイド型変光星が見つかれば、そのセファイド型変光星までの、すなわちM31までの距離がわかります。ハッブルが求めたM31までの距離は90万光年でした。一方で天の川銀河のサイズは約10万光年程度なので、M31は天の川銀河の外にある、すなわちアンドロメダ星雲ではなくアンドロメダ銀河だとわかったのです[42]（図2-13）。現在では、M31ことアンドロメダ銀河までの距離は約250万光年と求まっています[43]。

42　同様の例として、「マゼラン星雲（大マゼラン雲と小マゼラン雲がある）」として知られている天体があります。これも天の川銀河の外に存在する銀河だと今ではわかっているので、正しくは「マゼラン銀河」と呼ぶべきなのですが、この呼び方はまだあまり定着していません。マゼラン星雲といえば、「宇宙戦艦ヤマト」の目的地であるイスカンダルがある場所として有名ですが、2012年にリメイクされた「宇宙戦艦ヤマト2199」では「マゼラン銀河」と呼称されています。

43　ハッブルの観測以降に、実はセファイド型変光星には2種類あることがわかり、それによってハッブルが求めた距離が大幅に修正されました。

図 2-13：アンドロメダ銀河（M31） 提供：HSC Project / 国立天文台

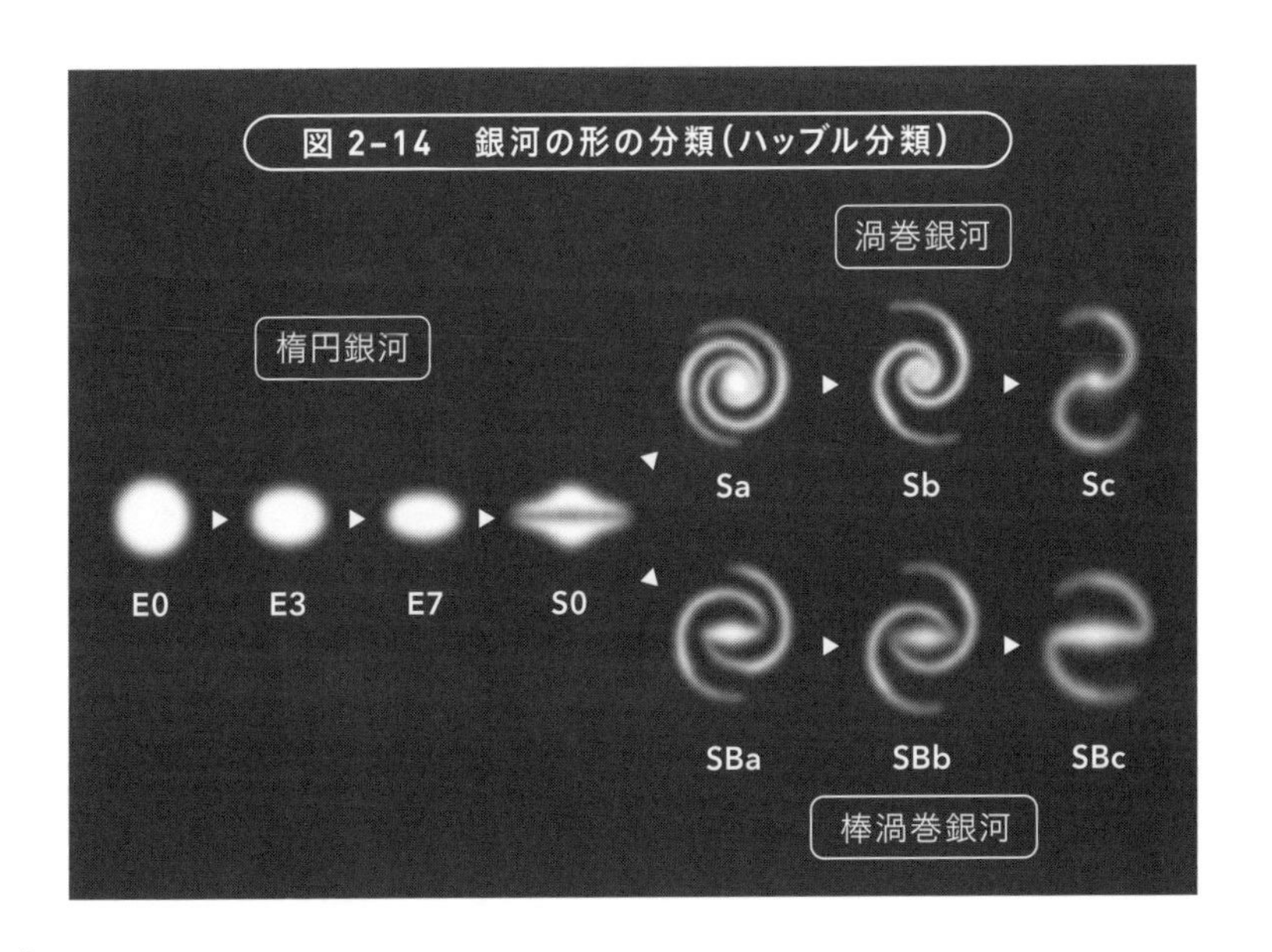

ハッブルはその後も、天の川銀河の外に存在する銀河を次々と発見し続けます。発見された銀河の形にはいくつかのパターンがありました。ハッブルはそれらを、渦巻き構造を持つ**渦巻銀河**、渦巻き銀河の中心に棒状構造がある**棒渦巻銀河**、渦巻き構造はなく楕円状に恒星が集まった**楕円銀河**、そしてそのどれにも属さない**不規則銀河**に分類しました。これは「**ハッブル分類**」もしくは「ハッブルの音叉図」と呼ばれています（図2 - 14）。ちなみに私たちの住む天の川銀河は棒渦巻銀河だと考えられています。

2.5 オルバースのパラドックス

準備が整いました。いよいよ「夜空はなぜ暗いのか」という問題について考えていきましょう。

「宇宙が暗いなんて当たり前じゃないか」と思われるかもしれません。確かに、私たちは毎日、太陽が沈んで夜になると、空が暗くなることを知っています。この夜の暗さこそが、（今まで説明した通り街明かりや月明かりや大気発光の影響が加わった）宇宙の暗さです。生ま

図2-15　外が見えない森、背景が見えない星空

れてから今まで毎日、例外なく規則正しく夜はやってくるので、あまりに当たり前すぎて「夜が暗い」ことに対して疑問を抱いたことはないかもしれません。

　ですが、実は「夜が暗い」ことはとても不思議なことで、「なぜ夜が暗いのか」の理由がきちんと理解されるようになってから、何とまだたった150年程度しかたっていないのです。では、まずはなぜそもそも「夜が暗い」ことが不思議なのかというところから考えていきましょう。

実は不思議な夜の暗さ

今あなたが森の中に立っているとしま

す。周りには木が生い茂っています。この森がどこまでも広がっているとしたら、あなたは森の外を見ることができるでしょうか？　できなさそうな気がしますよね？

ここで簡単のために、それらの木は全てが同じ種類で同じ太さだとしましょう。同じ太さの木だと言っても、近くにある木は太く見え、遠くにある木は細く見えます。森はどこまでも続いているのだから、手前に見える2本の木の間には、それら手前の木よりも遠くにあって細く見える木が見えるはずです。そしてその木と先ほどの手前の木の間にもさらに遠くの木が見えるはずで、さらにその木と先ほどの木の間にもさらに遠くの木が見えて……という感じで、見渡す限りどの方向を見ても、必ず木が視線を遮り、外の世界を見ることはできません（図2 - 15右）。

夜空が明るいはずだというのは、これと同じ理屈です。この森の例え話において、森を宇宙に、木を星に置き換えて考えてみましょう。森の例えで全ての木を同じ太さにしたのと同様に、ここでも全ての星を同じ明るさだとしましょう。すると、手前の星は明るく見えますが、その明るい星の間には、より遠くの暗い星が見えるはずで、その星と星の間には、さらに遠くの星が見えるはずです（図2 - 15左）。このように考えると、先ほどの森の例えと同様に、どの方向に目を向けても必ず星が視線上に存在することになり、何もない「真っ暗な宇宙」は見えないはず、つまり宇宙は星の光で明るいはずだという結論になってしまいます。

過去の偉人たちを悩ませた夜空の暗さ

この問題に最初に気づいたのは、トーマス・ディッグスでした。彼は1576年にコペルニクスの地動説を紹介する『天体軌道の完全な記述』を書きましたが、この時、宇宙の姿を表す図に改訂を加えました。図2-16上がコペルニクスが考えた宇宙の姿です。太陽が中心にあり、その周囲を惑星が回っています[44]。一番外の天球（恒星天）には恒星が貼り付けられていました。すなわち、全ての恒星は一番外の恒星天に貼り付けられているようなイメージだったのです。一方、ディッグスが描いた宇宙の姿は図2-16下のようなもので、コペルニクスの図にあった一番外の恒星天をなくし、代わりに外に広がる無限の空間に恒星をばらまいたのです。

ここで初めて、「無限の空間に無限の恒星がばらまかれているとしたら、なぜ夜空は暗いのだろうか」が問題として浮上してきます。ディッグス自身は、「あまりに遠くにある星は暗すぎて見えないから」という説明を与えていますが、後に解説するようにこの理由では夜空が暗い理由を説明できません。他にも、ケプラーは惑星の法則（2章2節）で有名なヨハネス・ケプラーは図2-16上のコペルニクスの

44　当時は望遠鏡の発明前なので、肉眼では見えない天王星と海王星はまだ知られていませんでした。

図 2-16　コペルニクス（上）とディッグス（下）の宇宙観

コペルニクスの宇宙

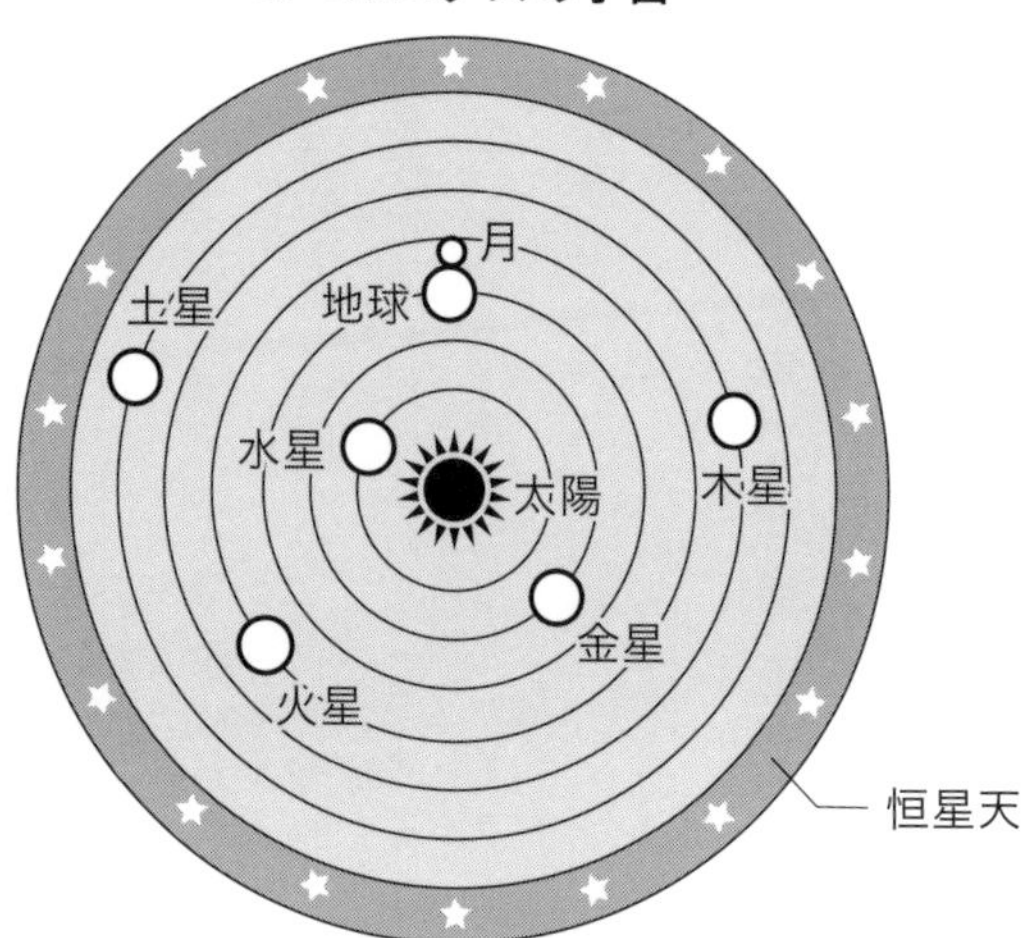

ディッグスの宇宙

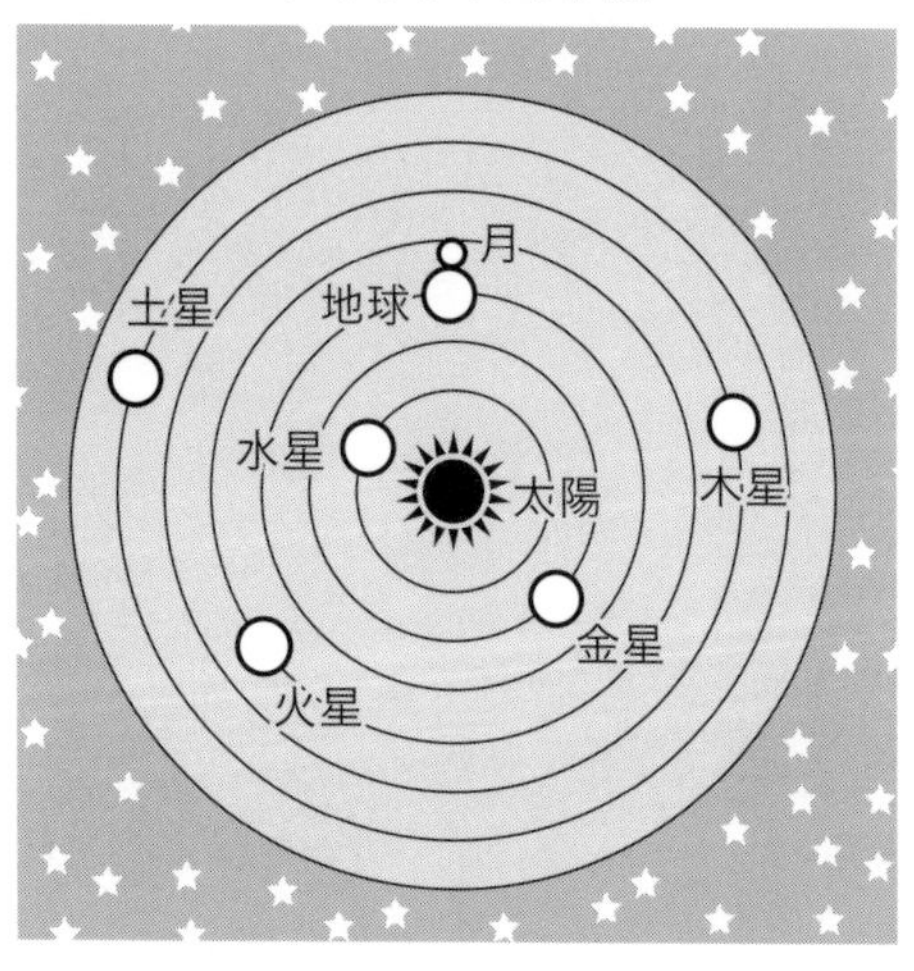

宇宙図のように、全ての恒星は一番外側の恒星天に張り付いている（つまり宇宙空間も星の数も無限ではない）ため夜空は暗いと考え、オットー・フォン・ゲーリッケは恒星天は存在せず、ディッグスの宇宙図（図2‐16下）のイメージに近いものの、その外に広がる空間は無限ではなく、その中にある恒星の数も無限ではないために夜空は暗いと考えました。すなわち、ケプラーもゲーリッケも宇宙の中の恒星の数は無限ではないから夜空は暗いと考えたのです。

しかしこれらの考えはアイザック・ニュートンの登場により否定されました。ニュートンの万有引力の法則によると、全ての恒星は互いの重力で引き合っています。もしこの宇宙に恒星が有限個しかないと、それらの恒星は互いの重力で引き合い、いずれは全ての恒星は宇宙の中心に重力で落ち込んでしまうはずです。そうならないためには、恒星は宇宙に無限に存在しなければならないのです。もしこの宇宙に恒星が無限にあって均一に分布しているとすると、ある恒星には全ての方向から同じだけの重力がかかり相殺するので、恒星がどこかに落ち込むということは無くなります。そうすると、やはり宇宙に恒星は無限に存在することになり、夜空は明るくなってしまいます。

「夜空が明るくなるはず」の理由

ではここで、宇宙に恒星が無限個存在すれば、本当に夜空は明るくなってしまうのか、言い方を変えると、ディッグスが考えたように「あまりに遠くにある星は暗すぎて見えないから」という説明ではなぜダメなのかをもう少し詳しく考えていきましょう。

まず、2章4節で考えたように、恒星までの距離が2倍になると明るさは1/4に、距離が3倍になると明るさは1/9にと、距離の2乗に反比例して見かけの明るさは暗くなっていきます。次に、奥行きと見える範囲の関係について考えます。ある範囲の空を見た場合、奥行き方向の距離が2倍になると、見えている面積は4倍に、奥行き方向の距離が3倍になると、見えている面積は9倍にと、ここでも2乗の法則が成り立ちます。

ここで、恒星が宇宙に同じ密度で一様に分布しているとしましょう。そうすると、距離が2倍になると、恒星1個1個から届く光の量は1/4になりますが、見えている面積が4倍になるので、見える星の数も4倍に増えます。このため、それらが打ち消しあって、結局、私たちまで届く光の量は同じということになります。図2-17のように距離ごとにレイヤーを区切って考えてみると、各レイヤーからは同じ量の光が届いていることになります。空のどの方向に視線を向けても必ずどこかのレイヤーが視界に入るはずです。そして、今考えたよう

図2-17　見える範囲の広がり

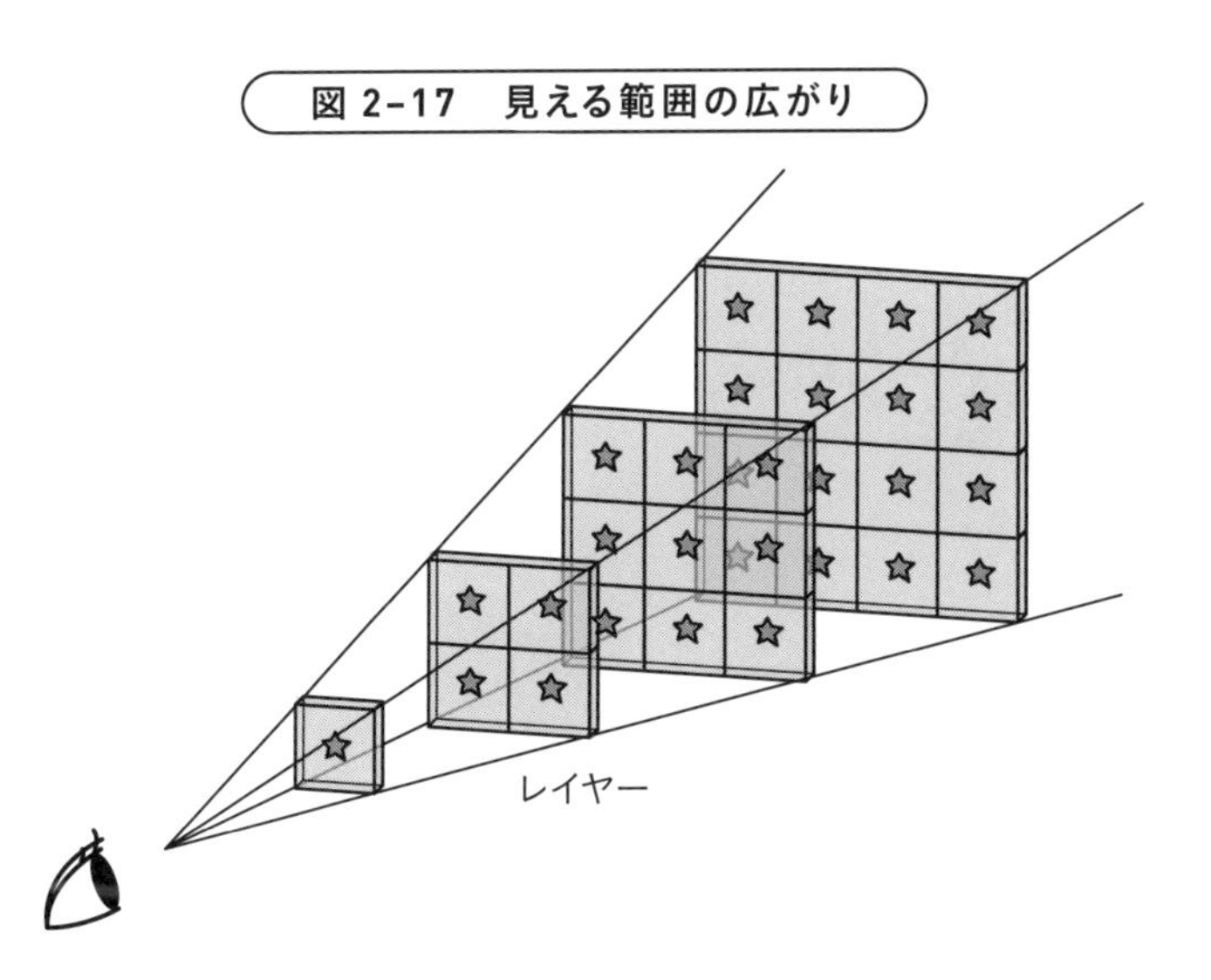

に、どのレイヤーも同じ明るさに見えるはずです。また、一番近くのレイヤーには最も近い恒星である太陽があるはずなので、その最も手前のレイヤーの明るさは太陽の表面の明るさとなります。このように考えると、夜空はどの方向を見ても、太陽の表面と同じ程度にギラギラに明るくまぶしい「明るい宇宙」になるはずだ、という結論になってしまいます。

最初にこのように考えたのはジャン・フィリップ・ロイ・ド・シェゾーで、その約80年後にハインリッヒ・オルバースも同じ考えを示しました。

しかし実際は夜空は暗いです。これは疑いようもない事実です。ではなぜ夜は暗いのでしょうか？　現在ではこの謎を「**オ**

ルバースのパラドックス」と呼んでいます。本来ならオルバースよりも先に夜空は明るくなるはずだと示したシェゾーの名を冠して「シェゾーのパラドックス」と呼ぶべきなのでしょうが、現在では「オルバースのパラドックス」と呼ばれています。これには2つの歴史的な経緯があるようです。ひとつは、ここで説明した内容について書かれたシェゾーの著書をオルバースは持っていたにも関わらず、オルバースが発表した論文には先行するシェゾーの成果についての言及がなかったこと（単なる不注意だった可能性があります）、もうひとつは、1950年頃にヘルマン・ボンディが「なぜ宇宙は暗いのか」という問題を「オルバースのパラドックス」と名付けて紹介したことで、この名称が一般に知られるようになったことです。

夜が暗いことは確かなので、シェゾーやオルバースによる上記の考えにはどこかに間違いがあるはずだということになります。どこに間違いが潜んでいるのでしょうか？　以後の章では、この「どうして夜空は明るくならないのか」という問いかけに対する謎解きを一緒に考えていきたいと思います。

3章

赤外線で見た宇宙の明るさ

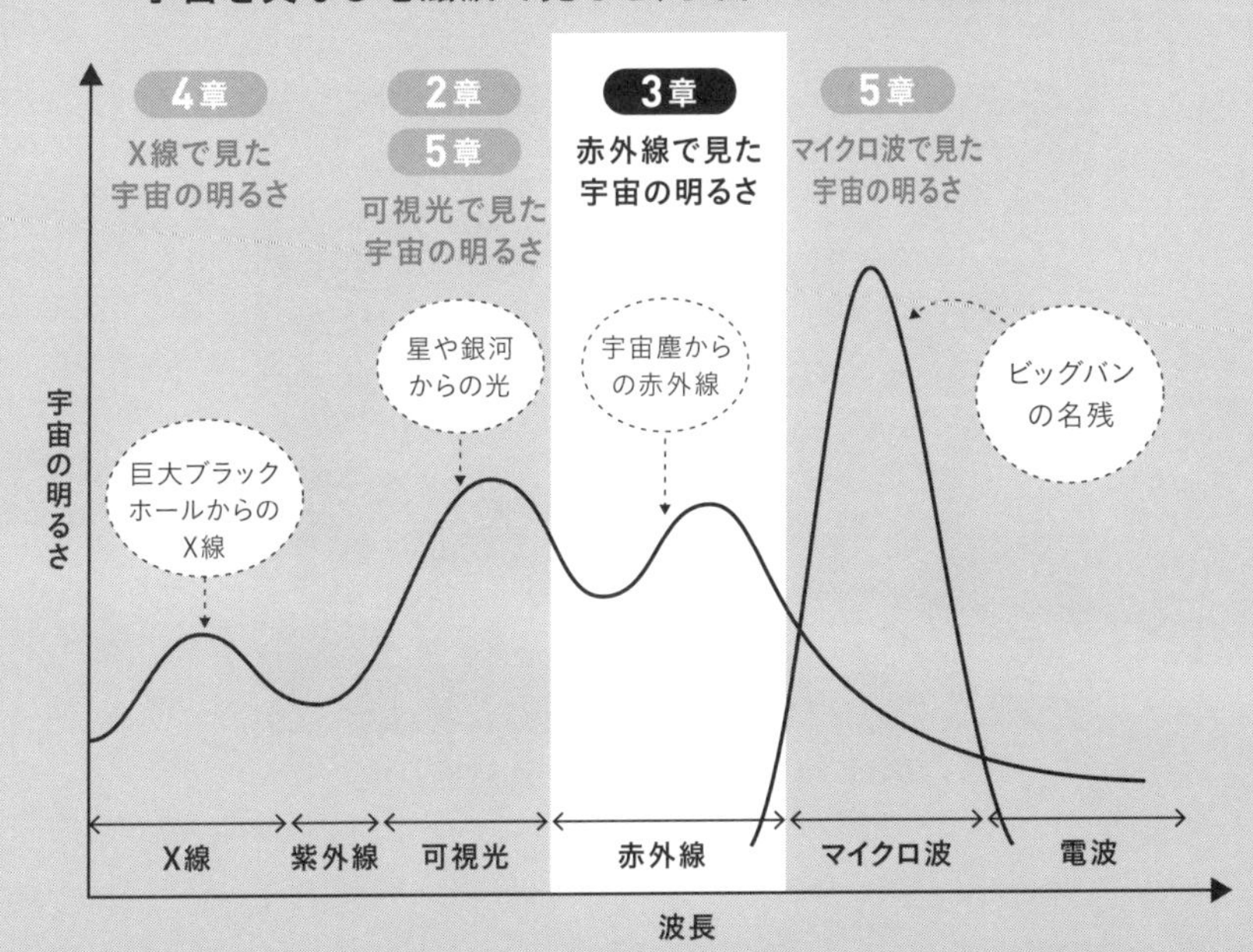

3.1 宇宙は宇宙塵（うちゅうじん）に満ちている

宇宙が暗くなる理由としてまず考えられる仮説は、「恒星からの光が地球に届くまでの長い道のりのどこかで、何かに吸収されてしまった」というものです。実はシェゾーもオルバースもこれが理由で夜空は暗いのだと考えていました。

では、宇宙空間に光を吸収するようなものなどあるのでしょうか？　実はあるのです。この宇宙には塵（ちり）がたくさん漂っているのです（図3-1）。このように宇宙に浮かぶ塵のことを宇宙塵（うちゅうじん）、もしくは

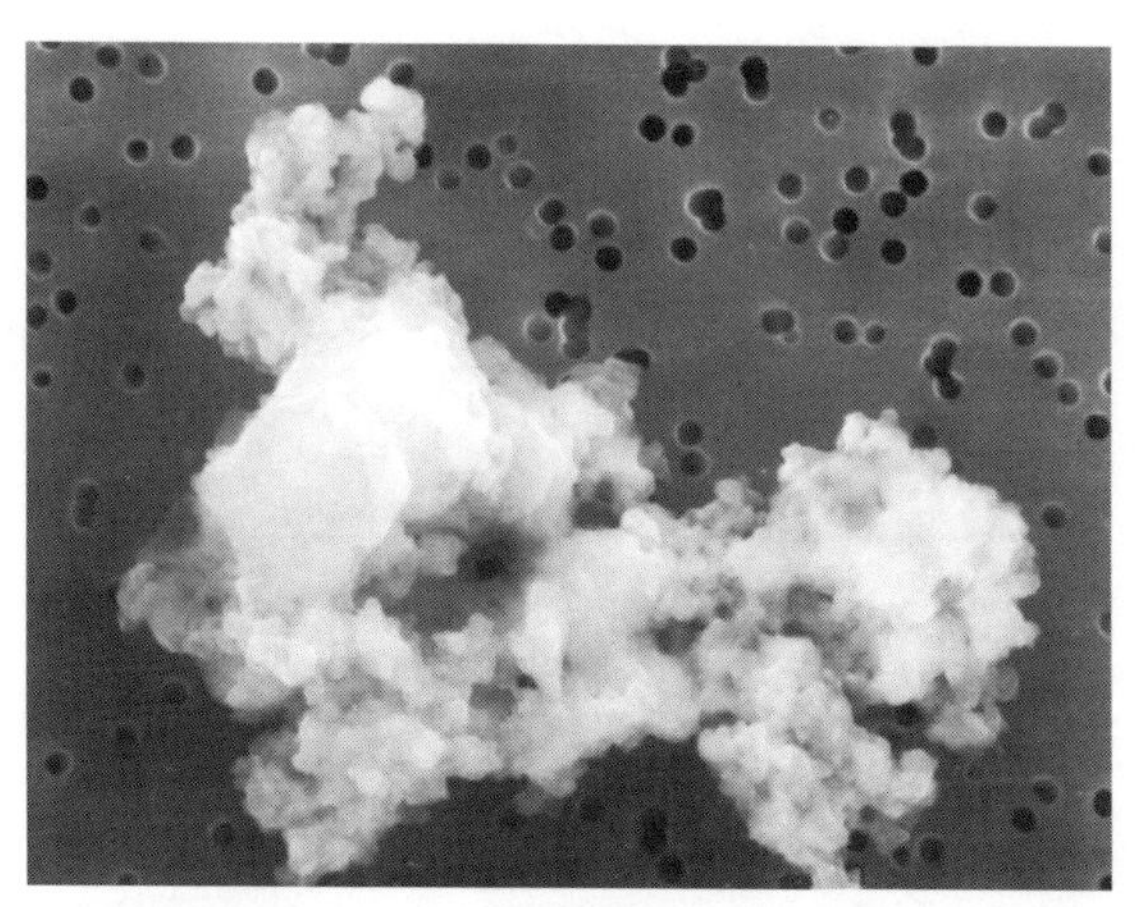

図 3–1：採取された宇宙塵

出所：NASA

ダストと呼びます[45]。サイズは1㎛より小さいものが多いです。

宇宙のスカスカ度合い

「宇宙は真空」というイメージがあると思うので、そんな宇宙に塵がプカプカ浮いていると聞くと、驚かれるかもしれません。そこでまずは宇宙の真空度について考えていきましょう。

国際宇宙ステーションがある高度400㎞上空の付近では、地球大気の原子や分子はどれぐらいの密度で存在するでしょう？　実は、なんと1㎥あたり約10^{14}（100兆）個もの原子が存在しているのです[46]。これだけ聞くと高度400㎞には濃い大気が存在しそうな気がしますが、誤解してはいけません。これでも地表と比べると「ほぼ」真空なのです。

例えば、気温0℃で1気圧の空気中に含まれる分子の数は1㎥あたり約2.7×10^{25}個（日本語では27秭（じょ）個というそうです[47]）も含まれています。1865年にヨハン・ロシュミットがこの値を求めたことから、この値をロシュミット数と言います。ここから考えると、高度400

45　宇宙塵には、太陽系内で惑星の間に存在する惑星間塵と、天の川銀河の中で恒星の間に存在する星間塵とがあり、性質などは異なるのですが、本書ではこれらをまとめて宇宙塵として扱います。
46　このわずかに存在する空気の空気抵抗により、国際宇宙ステーションは少しずつ（月に数km程度）落ちていきます。そのため、年に数回程度、エンジンを噴射して軌道を上昇させています。
47　1秭は1000垓（がい）の10倍、1垓は1000京（けい）の10倍、1京は1000兆の10倍です。

㎞の上空では、地上の約10^{-11}（1000億分の1）も空気が薄いということになり、ほぼ真空だということがわかると思います。それと比較して、宇宙に存在する宇宙塵の密度は、1㎥あたり1粒あるかどうかという程度です。宇宙塵が存在すると言っても、とてもスカスカにしか存在していないのです。

塵も積もれば山となる

とはいえ、「塵も積もれば山となる」です。宇宙はとても広いので、とてもスカスカな宇宙塵でも、宇宙の大きなスケールで考えると、それなりに塵の影響は効いてくるのです。例えば、地球には年間どれくらいの量の宇宙塵が降り積もってきていると思いますか？　なんと毎日100トン以上の宇宙塵が地球に降り積もっていると見積もられています。図3-1の宇宙塵の写真は、実際に飛行機を上空に飛ばして、宇宙からふわふわと降ってくる宇宙塵を捕まえてきたものです。

2章3節で、恒星までの距離は1パーセク（3京m）以上も離れているという話をしました。仮に1㎥あたり1粒の割合でしかこの宇宙に宇宙塵が浮かんでいないとしても、3京mも彼方の恒星から地球にまで光が届く間に、その光は何京個もの宇宙塵の間をぬってきたという

図3−2：可視光で見た全天宇宙地図

提供：Axel Mellinger

ことになります。しかもこれは最も近い恒星の場合であって、夜空に輝く星はこれよりももっと遠くにあるのです。

こう考えると、この宇宙は宇宙塵によって霧がかかっているようなイメージが湧いてきませんか？そのイメージは間違っていません。図3‐2は、夜空全体の星空の地図です。中央に見えるのが天の川です。1章でも説明した通り、私たちは円盤状の天の川銀河の中にいるので、そこから銀河の中心方向を見ると、星が密集して天の川として見えるのです。ところで図3‐2をよく見ると、中央付近に黒い筋があったり、暗い領域があったりします。これは何なのでしょうか？　ここだけ星が少ないのでしょうか？　実はこれが、ダークレーンと呼ばれる、宇宙塵によって光が吸収された部分なのです。

銀河の中心方向、すなわち天の川の中心方向は恒星が密集しているのですが、宇宙塵も同様に天の川の中心方向に多いのです。その宇宙塵が霧のように背後からの星の光を吸収したり散乱させたりするので、そちらの方向からは恒星からの光が届かず、天の川の一部がこのように暗く見えるのです。

しかし、これから説明していくように、この宇宙塵による光の吸収では、オルバースのパラドックスを完全には解決できません。

宇宙の地図の描き方

ここから、なぜ宇宙塵による恒星からの光の吸収や散乱ではオルバースのパラドックスを解決できないのかを考えていく上で、必要な項目について説明していきます。まずは「宇宙地図の描き方」です。先ほど、図3-2で可視光で見た全天の星空の地図を示しました。ただ、この図を見ただけではどこをどう見ればよいのかわからないと思いますので、まずはそこか

図3-3　天球の運動

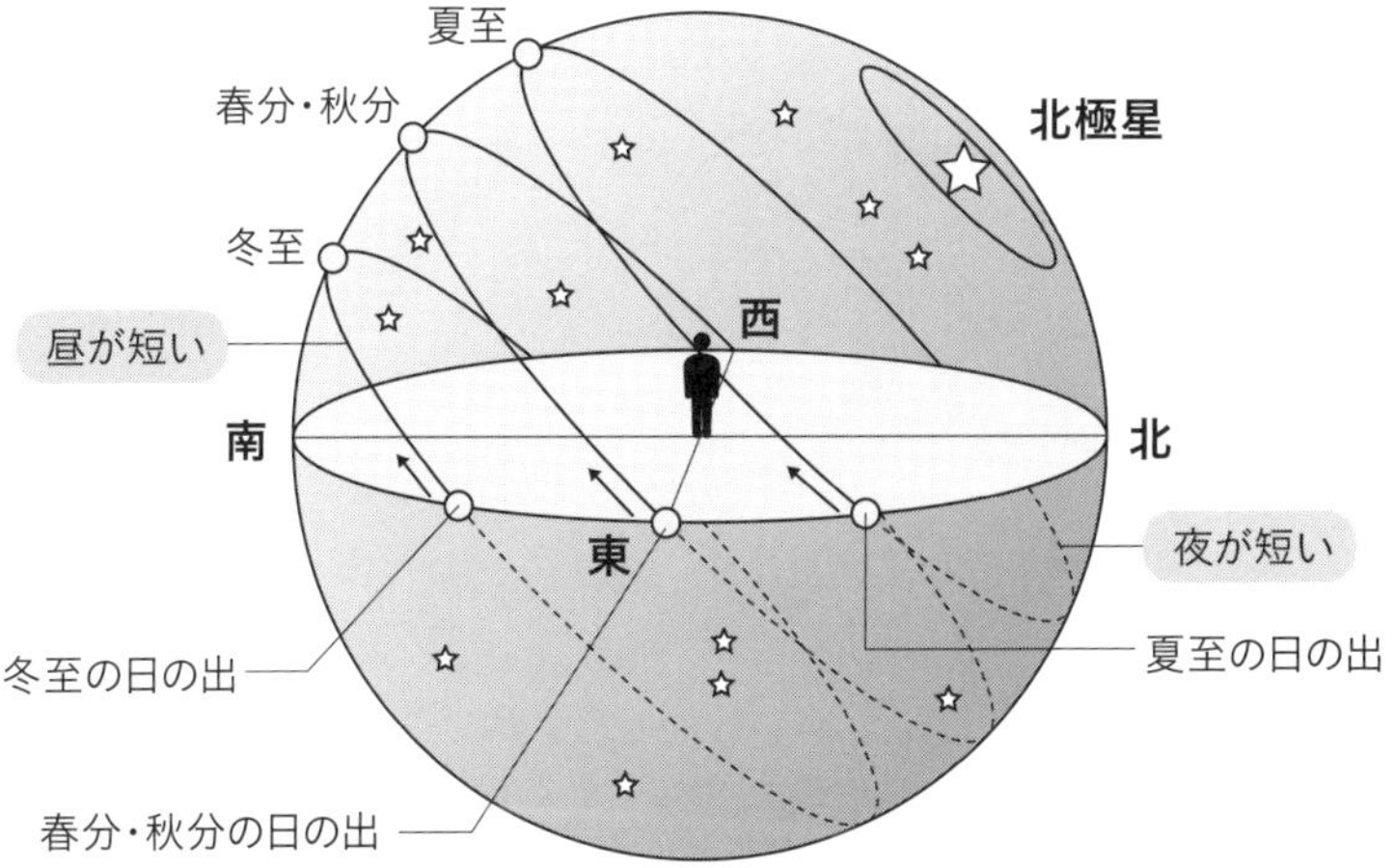

ら説明していきましょう。

夜空に輝く恒星は、お互いの位置関係を変えずに、東から昇り南を通って西へ沈んでいきます。これを、天球に恒星が張り付いていて、その天球が北極星を通る軸を中心として回転していると考えることができます（図3-3）。実際は、空が球になっているわけではなくどこまでも続いているわけですし、動いているのも天球ではなく私たちが乗っている地球自身なのですが、簡単のため、仮想的な天球上に恒星がばらまかれていると天動説的に考えるのです。そして、その天球上にばらまかれている恒星の配置の地図を作りたいとし

図 3-4　立体の地球を 2 次元平面に描いた世界地図

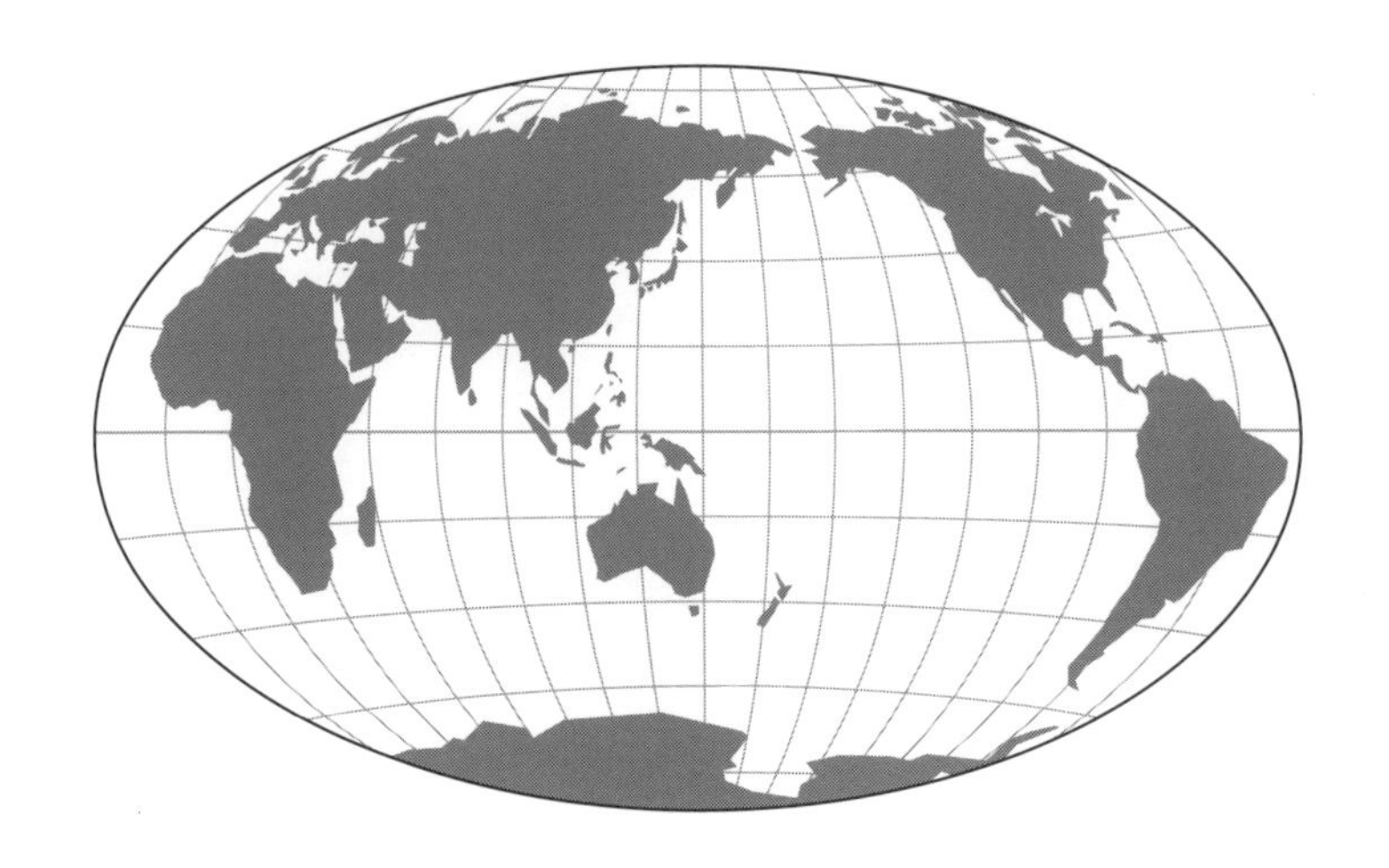

図 3-5　可視光の全天宇宙地図(図3-2)に星座などを書き込んだ地図

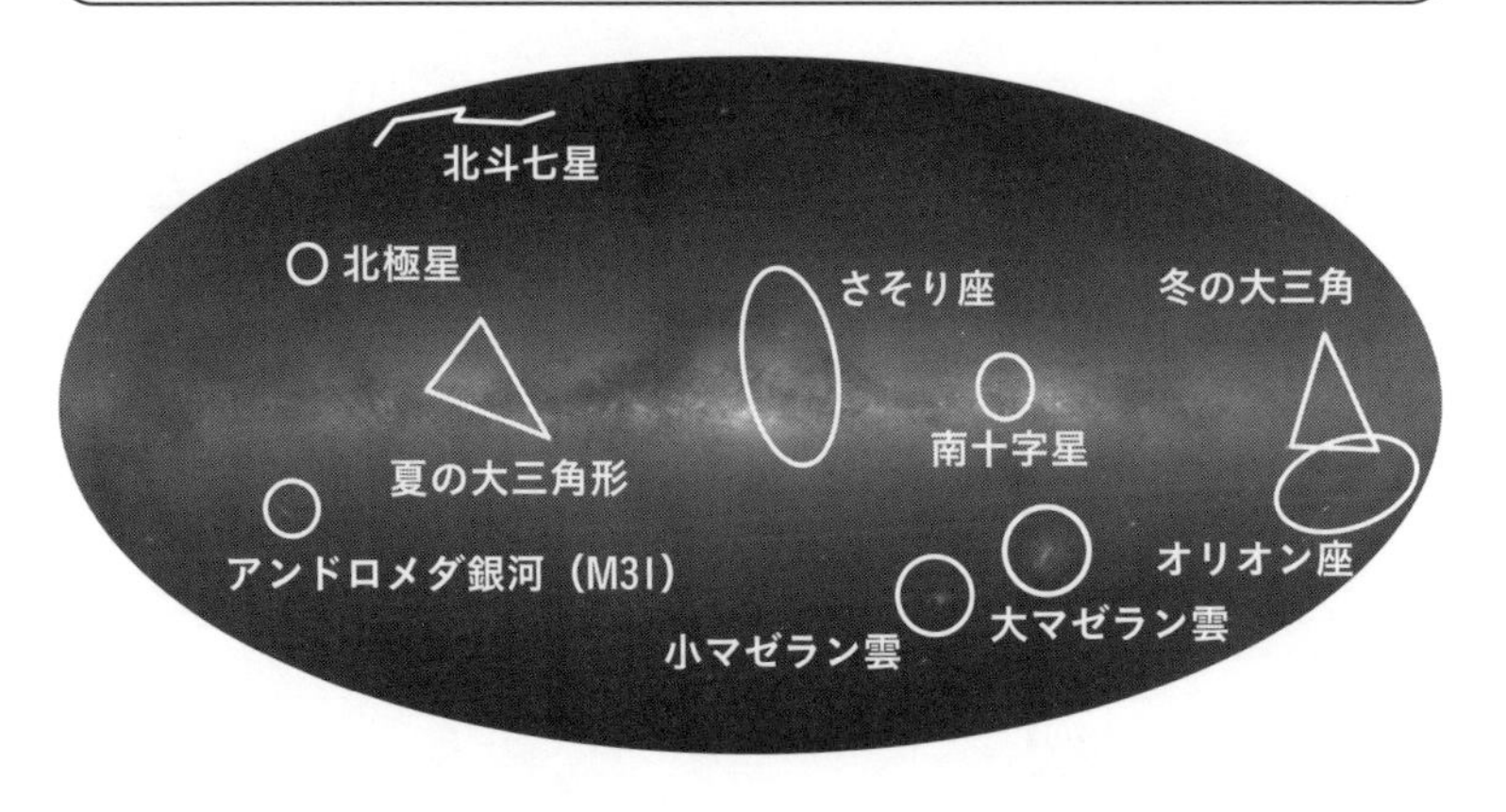

ます。しかし天球は球で立体的なので、それをそのまま平面の地図に描くのは何らかの工夫が必要です。でも私たちは日常的にそのような地図を見ています。そう、世界地図です。

地球の形も球なので、世界は立体的に分布しているのですが、世界地図を描くときには、それを工夫して平面に描いています。図3-4は、赤道が真ん中にくるように世界地図を描いたものです。これと同じように、天球の恒星の配置を、天の川（銀河面）が真ん中にくるように描いたのが図3-2なのです。このため、ある瞬間に夜空として見える領域は、図3-2の全天図の半分だけで、残り半分は地平線の下に沈んでいます。また、日本から見た場合、図3-2の全天図の全ての領域が見えるわけではなく、南半球に行かなければ見えない領域もあります。以後、この本ではいろいろな種類の全天図が出てきますが、どれも図3-2と同じように、天の川（銀河面）が真ん中にくるように天球を投影した図となっています。

温度と光の関係

もう一つ、ここで知っておいてもらいたいことがあります。それは、温度と色の関係です。

まず温度についてですが、私たちは普段の生活では、**セルシウス度**（℃）という単位で温度を測っています。これは水が凍る温度を０℃、水が沸騰する温度を１００℃としたものです。一方で科学の世界では**絶対温度**というものを用います。単位はＫ（ケルビン）を用います[48]。絶対温度では、１度の間隔はセルシウス度と同じなのですが、水が凍る温度は２７３・１５Ｋ、水が沸騰する温度は３７３・１５Ｋとなります。簡単のため、日常的に用いているセルシウス温度に２７３・１５を足せば絶対温度になると思ってもらえばよいでしょう。

なぜ星の色が違うのか？

星に限らず、周りのもの全ては、温度に応じて光（電磁波）を放出しています。これを「**熱放射**」と言います。熱放射は温度によって放出される電磁波のスペクトルが異なります（スペクトルについては1章2節を参照）。その様子を表したのが図３‐６です。簡単に傾向をまとめておくと、「温度が高いほど、放出される電磁波のエネルギーは大きく、ピークの波長は短くなる」のです。

例えば太陽の表面温度は約６０００Ｋです。６０００Ｋの熱放射のスペクトル

48　絶対温度とは何かを説明するのは大変なので本書では説明はしないですが、絶対温度で温度を測った場合、負の温度になることは基本的にはありません。

図3-6　熱放射のスペクトルと温度の関係

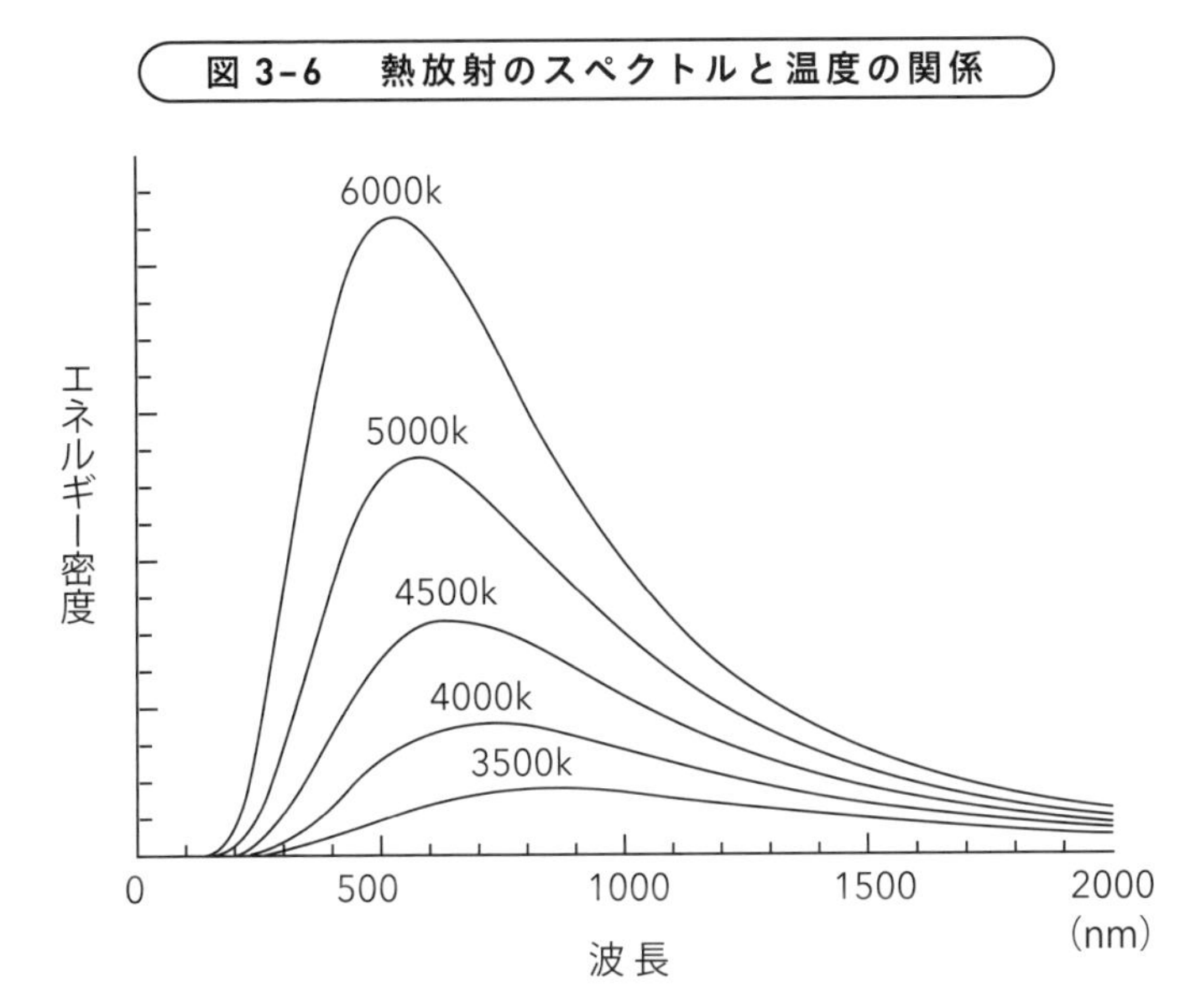

は、図3・6より、400〜800nmあたりの波長、すなわち可視光で最も多くのエネルギーを放出しています。逆に言うとだからこそ、人間の目は、太陽光のエネルギーが最も強い可視光が見えるように進化してきたとも言えるでしょう。

　太陽より表面温度が高い星は、熱放射により放出される光の波長が短く、つまり青くなるので、青白い星として見えます。おおいぬ座のシリウスや、こと座のヴェガなどは、表面温度が1万K近くもあるので、青白く見えます。逆に太陽より表面温度が低い星は、熱放射により放出される光の波長が長く、つまり赤くなるので、赤い星として見えます。オリオン座のベテルギウスや、さそり座のアンタレスなどは、表面温度が３５００K程度なので、赤く見えます。

温度と波長の関係は、恒星だけではなく、身の周りのもの全てに当てはまります。例えば私たちの体は約37℃＝３１０K程度で、当然ながら恒星よりもだいぶ温度が低いです。このため私たちの体は、恒星が出す可視光よりももっと波長が長い光、すなわち赤外線を放出しているのです。そのものに触れなくても、温度を測りたいものに向けるだけで温度を測ることができる放射温度計というものがありますが、それはまさにそのものから放射されている赤外線を検出して温度を測っているのです。空港などでよく使われるサーモグラフィや、耳に入れて瞬時に体温を測る体温計などは、まさに放射温度計の一例です。また、赤外線カメラを使えば夜でも夜行動物の姿などを撮影できますが、これはその動物自身が熱放射として赤外線を発しているからなのです。

宇宙塵の熱放射

では、星からの光を宇宙塵が吸収することでは、なぜオルバースのパラドックスが解決されないのかを説明していきましょう。それは、星からの光によって、宇宙塵が温まってしまうからです。

私たちは昼間、太陽から光とともに熱も受け取っています。昼間、太陽からの熱を受け取った地球は、自分自身が熱放射をすることで、熱を宇宙空間に捨てています。ここで、太陽から受け取った熱と、自分が宇宙空間に捨てた熱とのバランスがちょうど取れる温度に、今の地球はなっているのです[49]。

これは、宇宙に漂う宇宙塵にとっても同じです。宇宙塵も恒星からの光を吸収すると、そのエネルギーを受け取って温度が上がります。ここで、オルバースのパラドックスで考えたように、この宇宙が無限に存在する星の光で満たされ明るかったとしたらどうなるかを考えてみましょう。

宇宙を満たす光は星の光なので、その温度は太陽と同じ6000K程度の「熱い光（可視光）」で満たされていることになります。宇宙塵はそのような宇宙の中で、あらゆる方向から「熱い光」でガンガンとあぶられるので、その光を吸収して最終的に周囲と同じ6000K程度にまで熱くなってしまいます。そうすると、その宇宙塵は星からの「熱い光」を吸収しても、それと同じだけの「熱い光」を放射してしまうので、結局、

49　地球表面から放出される熱放射の一部は、地球大気により吸収され、再び地球表面に戻されます。このように地球大気はあたかも毛布のような役割を果たし、大気がないときよりも地表の温度を上げる効果があるのです。これを温室効果と言います。大気の温室効果により、太陽により近いが大気がほとんどない水星よりも、濃い大気をまとった金星の方が平均気温が高くなっています。

宇宙に存在する光の量は変わらず、宇宙を暗くできないのです。

一方で現実は、宇宙塵の温度はとても冷たく、約30K＝－240℃程度です。これが意味するところは、たしかに宇宙塵は存在して星から光を吸収したり遮ったりしているけれど、それによって宇宙塵はほんのわずかしか温まっていないので、宇宙塵を温めるほどに（＝夜空を明るくするほどに）宇宙は光で満たされていない、ということになります。このことから、「あらゆる方向から恒星の光が届いているが宇宙塵に隠されている」から宇宙は暗いのだ、という説明ではダメだ、ということがわかります。

このように宇宙塵による吸収では残念ながら夜空が暗い理由は説明できないのですが、宇宙塵が存在して光を吸収すること、その宇宙塵は熱放射することは事実です。だとすると、実際にそれを観測することはできないでしょうか？　実は恒星は、宇宙塵やガスが重力によって集まって誕生するので、恒星が生まれる現場と、宇宙塵が密集している場所はおおよそ一致します。したがってそのような場所の宇宙塵を調べることができれば、恒星がどこでどのように誕生しているのかを調べることができるのです。

宇宙塵は約30Kという低温なので、そこから放出される熱放射は波長が長い遠赤外線となります。すなわち、遠赤外線での宇宙の明るさを測定すれば、宇宙塵がどこにどれだけあるかを調べることができるのです。そしてそこから、恒星がどこでどのように誕生しているの

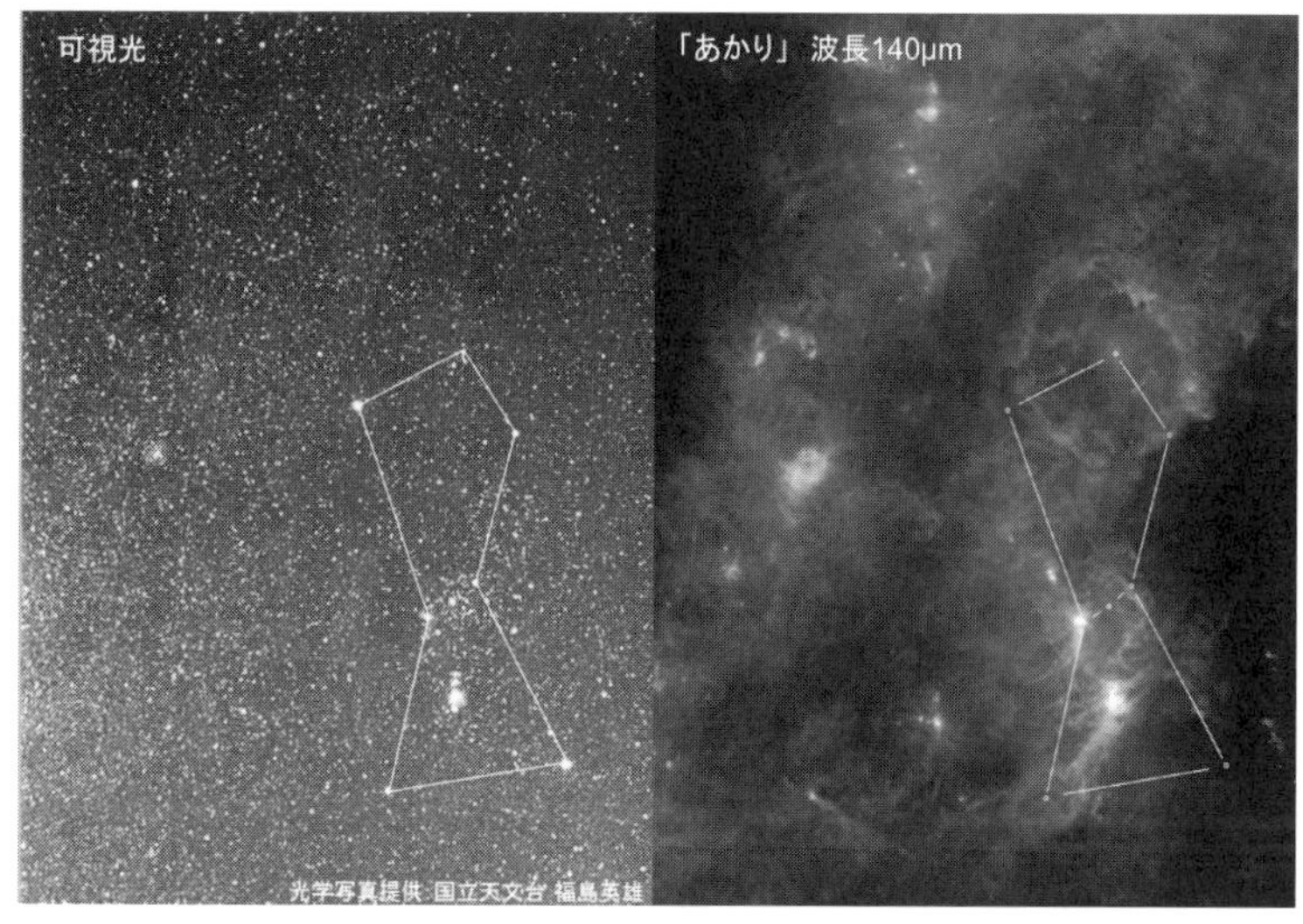

図3−7：可視光（左）と赤外線で見たオリオン星座（右）

提供：JAXA

かを探ることができます。例えば図3-7（右）は赤外線で見たオリオン座の周辺です。星の誕生の現場である「オリオン星雲」が、赤外線ではとても明るく輝いていることがわかります。

そこで、可視光での宇宙の明るさの「オルバースのパラドックス」の謎解きから少し脱線して、赤外線での宇宙の明るさを調べる話をしましょう。早く「オルバースのパラドックスの謎解きの答えを知りたい」という人は、5章へ飛んでください。

3.3 赤外線での天文観測

現代の天文学は、目で見える可視光だけではなく、電波や赤外線からX線やガンマ線に至るまで様々な波長の電磁波による観測が行なわれています。むしろ、人間が目で見えるからという理由だけで可視光のみにとらわれる必要はないのです。天文観測をオーケストラに例えると、せっかく宇宙は低音のコントラバスから高音のピッコロまで、あらゆる楽器で音楽を奏でてくれているのに、可視光だけで宇宙を観測するのは、あたかもホルンの音しか聴いていないようなもので非常にもったいないのです。実際、可視光では主に星からの光を見ることができますが、赤外線では主に、星の材料である宇宙塵の姿が見えてくるので、まったく違った宇宙の姿が見えます（図3－7）。

地球の大気が邪魔

赤外線での天文観測は、可視光での天文観測とは違った難しさがあります。その主な原因はやはり、地球大気の存在です。天文観測にとって地球大気はやはり大敵ですね。

赤外線観測における地球大気の悪影響その1は、「地球大気の明るさ」です。地球大気の明るさについては、可視光での天文観測においても悪影響として紹介しましたが（1章5節）、赤外線観測ではさらに深刻です。可視光では、太陽からの太陽風や紫外線からエネルギーを受け取った大気中の一部の原子や分子が光っているのが原因でした。一方、赤外線観測では、地球大気そのものからの熱放射がそれに加わるのです。3章2節で紹介した通り、全ての物質は熱放射を出しています。もちろん地球大気も例外ではありません。地球大気の温度は地表だと0〜30℃程度で、主に赤外線で光っています。あたかも青空が明るすぎるために、昼間は星からの光が見えないのと同じ理由で、赤外線では夜でも地球大気が熱放射で光っていて眩しいので、宇宙からの赤外線を覆い隠してしまうのです。

赤外線観測によるもう一つの地球大気による障害は、そもそも赤外線が地球大気を透過することができないという点です[50]。地球大気は波長によって光を透過したり吸収したりします。例えば紫外線は地球の大気によって吸収されるの

50　「赤外線」は、波長ごとに「近赤外線」「中間赤外線」「遠赤外線」に分類されます。このうち、近赤外線の一部と中間赤外線の一部は地球の大気を透過することができるので、地上の望遠鏡による天文観測が可能です。

図 3-8　大気による吸収

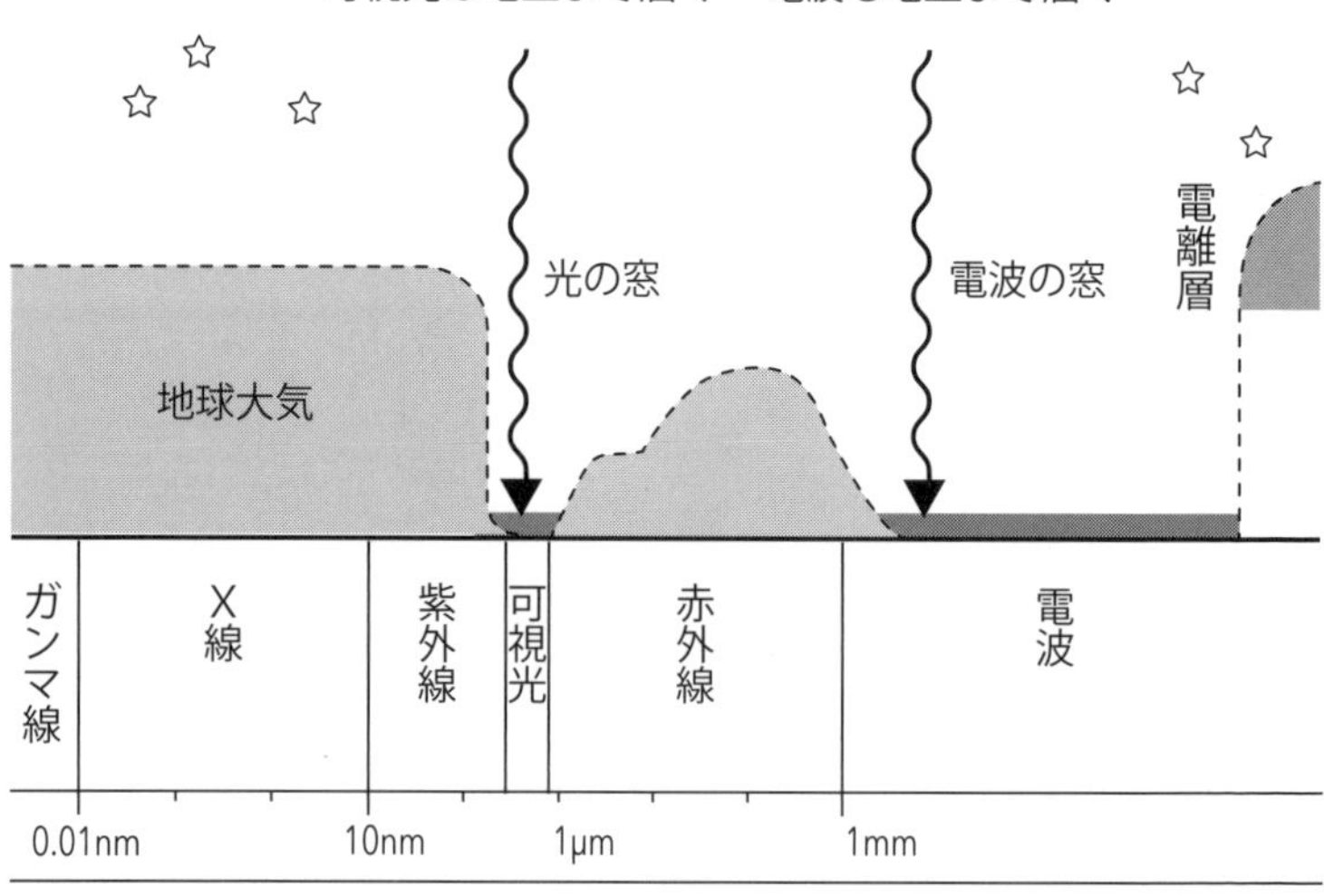

で、地上にいる私たちは紫外線から守られていると言えるでしょう。1章3節では、可視光では青い光よりも赤い光の方が大気を透過しやすいので、夕焼けが赤くなるという説明をしました。しかし、赤い可視光よりもさらに赤い赤外線の波長域に来ると、今度は逆に地球大気によって吸収され、宇宙からの赤外線が地上まで到達できないのです（図3-8）。

　赤外線で宇宙を観測するための障害は、地球大気だけではありません。なんと望遠鏡自身にもあります。それは望遠鏡自身からの熱放射です。先ほどから何度も出ている通り、全ての物質は熱放射をしており、地上のいわゆる常温のものからは赤外線が出ているのです。すなわち、赤外線を観測する望遠鏡自身も、とても眩しい赤外線での熱放射をしているわけです。このため、自分自身が眩しくて、宇宙からの淡い赤外線を検出することができないのです。

宇宙望遠鏡とは

以上のような障害をどのように克服すれば、赤外線で宇宙を観測することができるのでしょうか？　正解は「地球大気の外から、冷たい望遠鏡で観測する」となります。すなわち、冷却した**宇宙望遠鏡**を人工衛星に搭載して宇宙から観測する天文衛星を使うのです。

人工衛星とは、地球の周りを回る人工物です。例えばあなたが野球ボールを水平方向に投げたとしましょう。するとボールは最初は地面と平行に飛んでいきますが、やがて重力のせいで地面に落ちます。この時、より速い速度で投げた方が、より遠くまでボールが届きます。

ここでどんどん速い速度でボールを投げていくと、どんどん遠くまでボールが届くようになり、ボールの速度が第1宇宙速度と呼ばれる秒速7・9㎞を超えると、ついにそのボールは地球を一周して投げた人のところに戻ってきます（図3 - 9）。こうなれば、もうそのボー

図 3-9　人工衛星が地球を回る原理

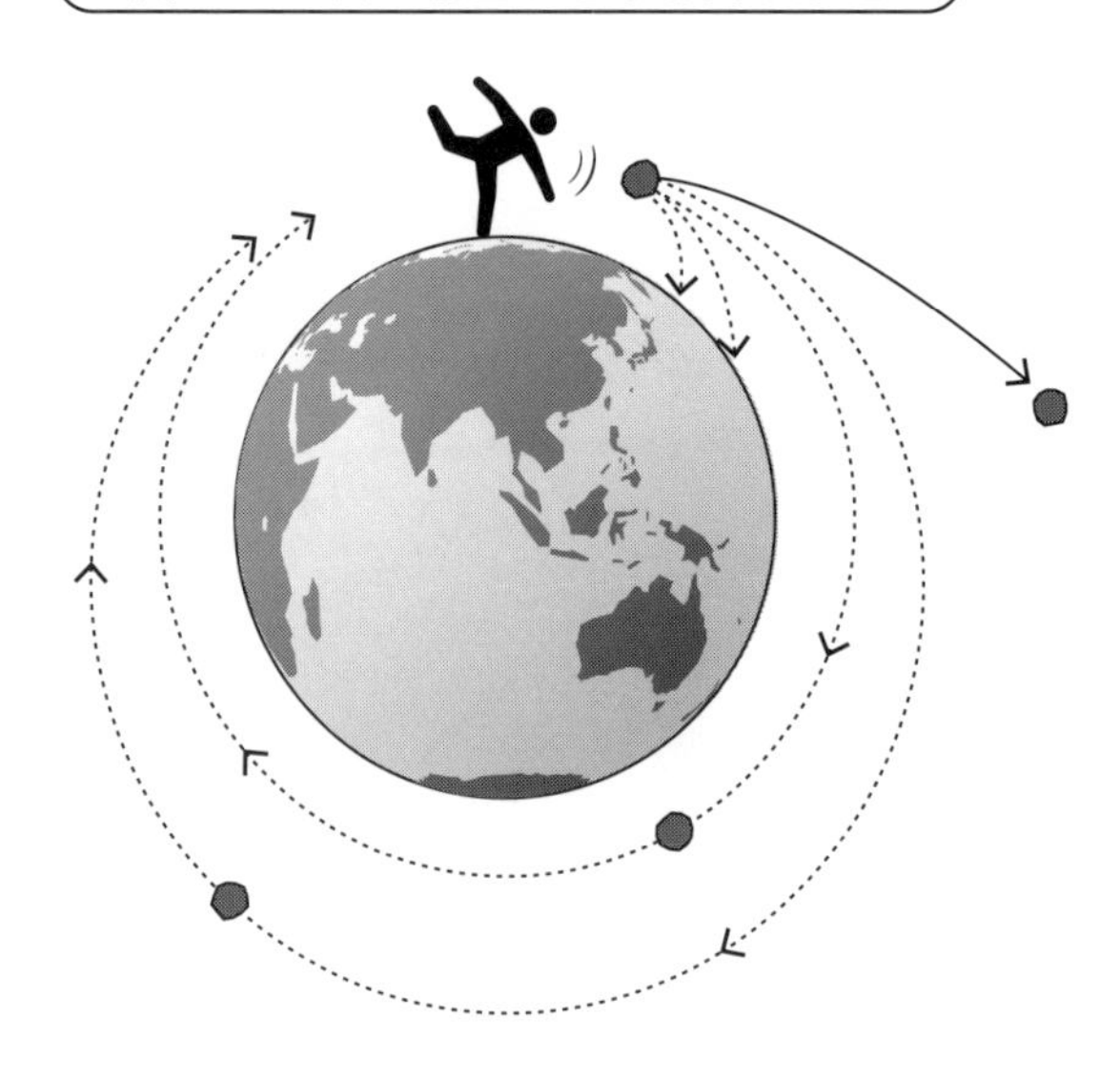

ルは地面に落ちることなく地球の周りを回り続けます。これが人工衛星が地球の周りを回り続ける原理です。

現代社会では通信やGPSなど、人工衛星は色々な目的で使われています。その中で、天文学者は人工衛星を望遠鏡として使うのです。宇宙に望遠鏡を持っていくことで、先ほど説明したような地球大気の悪影響を受けずに天文観測が実現できるというのが最大の利点です。

一方で、地上の望遠鏡と比べて宇宙望遠鏡にも欠点があります。まずは、大きな望遠鏡を打ち上げられないという点です。これはロケットに

提供：国立天文台

図 3−10：すばる望遠鏡（上）、ハッブル宇宙望遠鏡（下）

出所：NASA

搭載できるサイズに限りがあるからです。可視光や赤外線で観測する地上望遠鏡で最も大きなものは口径10mクラスです。例えば国立天文台がハワイ島マウナケア山頂に持つ日本最大の望遠鏡であるすばる望遠鏡は口径8・2mです（図3 - 10上）。将来的には、日本も参加しているTMT（Thirty Meter Telescope）など、口径30m級の超大型望遠鏡が、2020年代後半の完成を目指して準備が進められています。一方で、可視光観測における宇宙望遠鏡として2016年時点で最大のものは、NASAのハッブル宇宙望遠鏡で口径2・4mです（図3 - 10下）。ハッブル宇宙望遠鏡は1990年の打ち上げから25年以上にも渡って天文学の世界をリードしてきました。また、赤外線観測用としては2009年から2013年の間に活躍したESAのハーシェル宇宙望遠鏡（口径3・5m）もありました。NASAはハッブル宇宙望遠鏡の後継機として口径6・5mのジェームズウェッブ宇宙望遠鏡の打ち上げを2018年に予定しています。6・5mの鏡はそのままではロケットには収まらないので、折りたたんだ状態で打ち上げ、宇宙で展開する設計となっています。

もう一つの宇宙望遠鏡の欠点としては、一度打ち上げてしまったらもう修理には行けない、すなわち宇宙望遠鏡は使い捨てだという点があります。ただしこれには例外があります。それはハッブル宇宙望遠鏡です。ハッブル宇宙望遠鏡の場合はなんと今までに5回、スペースシャトルで宇宙飛行士がハッブル宇宙望遠鏡に出向いて修理や装置の交換などを行ないまし

図 3–11：ハッブル宇宙望遠鏡の修理の様子

出所：NASA

た（図3‐11）。

日本初の赤外線宇宙望遠鏡ＩＲＴＳ

日本最初の赤外線宇宙望遠鏡は、ＩＲＴＳ（InfraRed Telescope in Space）というもので、口径はわずか15㎝でした。しかもこれは単独の人工衛星ではなく、ＳＦＵ（Space Flyer Unit）という人工衛星に搭載された装置の1つでした。

ＳＦＵは回収して再利用することを目的としたとても珍しい人工衛星でした。ＳＦＵは八角形の形状をしていますが（図3‐12上）、そのうち6つの区画は色々な実験装置が取り付けられるようになっています。そこに、ＩＲＴＳのほか、アカハライモリが2匹入った生物実験の装置などがありました。

ＳＦＵは1995年3月18日にＨ‐Ⅱロケット3号機によって打ち上げられ、1996年1月13日にスペースシャトル・エンデバーによって回収されました（図3‐12下）。この時、ＳＦＵを回収するためにスペースシャトルのロボットアームを操縦したのが、若田光一宇宙飛行士でした。この時の宇宙飛行は、若田宇宙飛行士にとって最初の宇宙飛行でもあり、日本人宇宙飛行士として初のミッションスペシャリストとしての宇宙飛行でもありました[51]。

図3–12：IRTSを搭載したSFU（上）、スペースシャトルに回収されるSFU（下）

提供：JAXA

SFUがスペースシャトルで回収されたということは、現在は衛星本体は地球上にあります。人工衛星は普通は運用終了後は破棄され大気圏突入時に燃え尽きてしまうので、このように実際に宇宙に行った人工衛星を地上に持ち帰るというケースは非常に珍しいです。回収されたSFU本体は、今では上野の国立科学博物館で見ることができます。

先ほど説明した通り、赤外線による天文観測においては、望遠鏡自身からの熱放射を低減させるために、望遠鏡自体を極低温に冷却する必要があります。そこでIRTSには100Lの液体ヘリウムが搭載され、それにより望遠鏡全体が2Kにまで冷やされていました。液体ヘリウムはクライオスタットという魔法瓶のような構造の中に搭載されていたのですが、それでも周囲からの入熱により少しずつ液体ヘリウムは蒸発して無くなってしまいます。そして完全に液体ヘリウムが蒸発しきってしまうと、望遠鏡を冷やせなくなってしまうので、観測は終了となります。

IRTSは打ち上げ後、1995年3月30日から4月26日までの間に天文観測を実施し、天の川銀河の中における宇宙塵や有機分子の分布

51　ミッションスペシャリストとは、スペースシャトルの運用全般に関わるためのNASAの認証を受けた宇宙飛行士のことで、NASAの宇宙飛行士として扱われます。若田宇宙飛行士の前には、秋山豊寛氏、毛利衛氏、向井千秋氏が日本人として宇宙へ行っていますが、秋山氏はTBSの社員として旧ソ連の宇宙ステーション「ミール」への滞在、毛利氏と向井氏はそれぞれペイロードスペシャリストという役割が限定された立場でスペースシャトルに搭乗していました。毛利氏はその後ミッションスペシャリストの資格を取得してスペースシャトルに搭乗しています。

などを調べ成果をあげました。

宇宙の赤外線地図を作った天文衛星「あかり」

ＩＲＴＳでの経験を活かして宇宙航空研究開発機構（ＪＡＸＡ）が打ち上げたのが、2006年2月22日にＭ‐Ｖロケット8号機で打ち上げられた日本初の赤外線天文衛星「あかり」です（図3‐13）[52]。

「あかり」の第一の目的は、宇宙塵がどのように宇宙に分布しているのかなどを調べるために、赤外線で全天の宇宙地図を作ることでした。全天の赤外線宇宙地図は、アメリカ・オランダ・イギリスの共同によって開発された世界初の赤外線天文衛星であるＩＲＡＳ（1983年打上げ）が作ったものが当時唯一だったのですが、「あかり」はそれを更新する第2世代の赤外線での宇宙地図を作成したのです。

ＩＲＴＳ同様「あかり」も赤外線望遠鏡なので、自分自身を冷やす必要があります。それには基本的には従来と同様、クライオスタット[53]に液体ヘリウムを搭載するというのが主なのですが、「あかり」はそれに加えて、機械式冷凍機も搭載して、液体ヘリウムの蒸発を抑え、少量の液体ヘリウムで長時間の観測を実現させました。例えばＩＲＡＳの場合は、720Ｌ

図 3–13：打ち上げ直前の「あかり」

提供：JAXA

52　「あかり」については、私自身も原作者として製作に関わった以下の漫画がわかりやすいです。
https://www.ir.isas.jaxa.jp/AKARI/misc/comic/index-j.html
53　「あかり」のクライオスタットのプロトタイプモデルは、名古屋市科学館で見ることができます。
http://www.ncsm.city.nagoya.jp/cgi-bin/visit/exhibition_guide/exhibit.cgi?id=A511

の液体ヘリウムを積んで10ヶ月間、その後ESAが1995年に打ち上げた赤外線宇宙望遠鏡ISOは2000Lの液体ヘリウムを積んで2年半の観測を行ないましたが、「あかり」はわずか170Lの液体ヘリウムを積んで1年半の観測を行ない、さらに液体ヘリウム枯渇後も、使用できる装置は一部に限られたものの、機械式冷凍機のみの冷却で観測を続けました。この宇宙用の冷凍機は、今では宇宙開発の世界において日本が世界をリードする技術の一つとなっています。

また、「あかり」が地球の周りを回った軌道も、「全天を観測する」と「望遠鏡を冷やす」という2つの目的から最適な軌道が選ばれました。それは「太陽同期極軌道」と呼ばれるもので、昼と夜の境界線上の高度約700km上空を約90分かけて地球を1周する軌道です（図3-14）[54]。

望遠鏡を極低温に冷却するためには、外からの熱をいかに望遠鏡に入れないかが重要ですが、宇宙には大きな熱源が2つあります。太陽と地球です。太陽はもちろんのことですが、地球も2K（-271℃）にまで冷却する「あかり」にとっては、とても熱い熱源なのです。

そこで、図3-14のような軌道をとることで、「あかり」から見ると「太陽は常に後ろ、地球は常に下」にあることになります。熱源の方向が決まって固定しているので、その方向から熱を防ぐ対策が取りやすいのです。「あかり」の場合は常に太陽光が当たる後ろ側には太

図 3-14 「あかり」の軌道

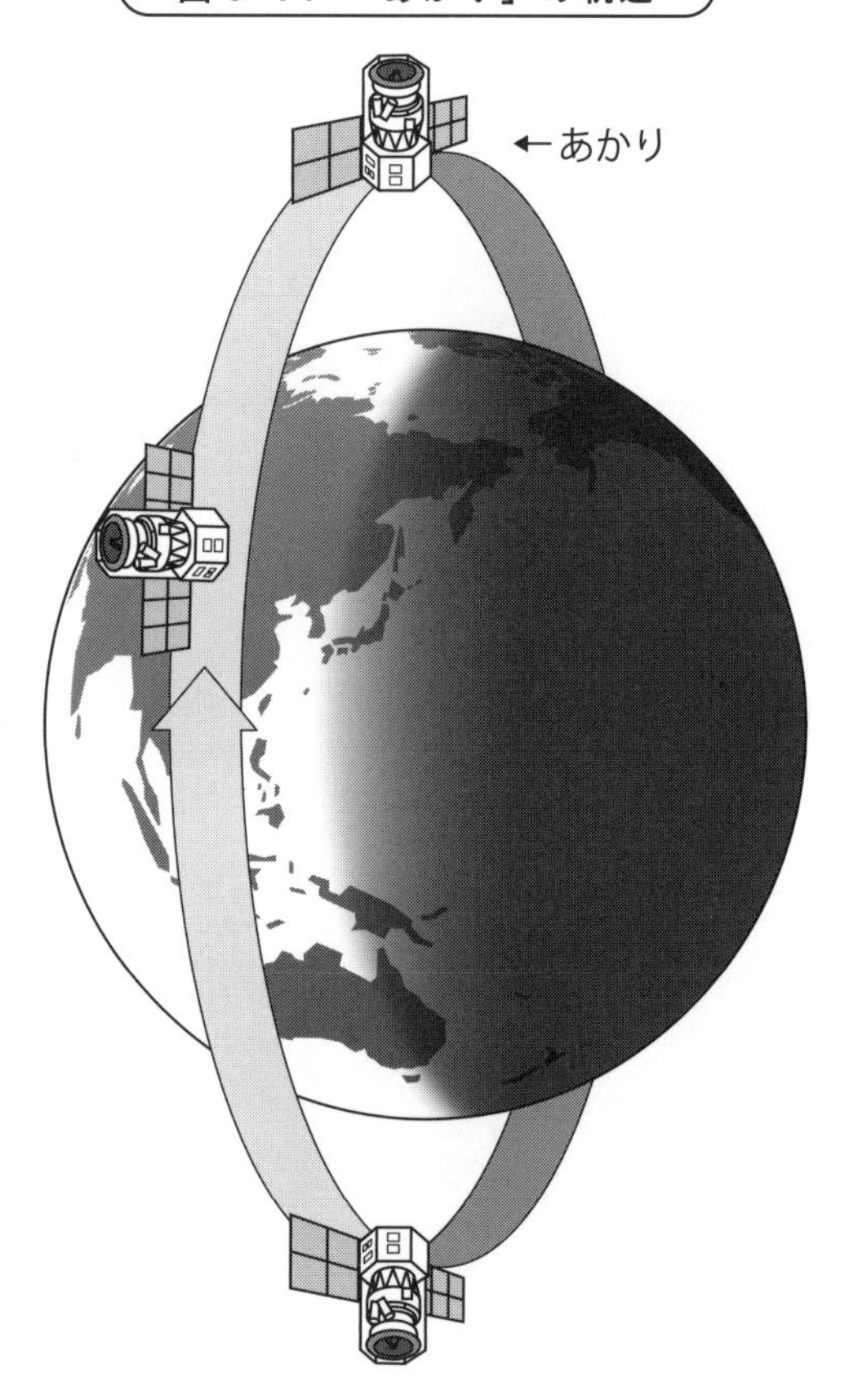

54 「あかり」は常に昼夜境界線上を飛んでいるので、日本上空を「あかり」が通過するのは明け方と夕方に限られます。そこで、「あかり」の運用は主に明け方と夕方に行なっていました。私個人にとっても、まだ夜が明ける前の寒い冬の早朝に起床し、「あかり」の運用に携わったことは今では良い思い出です。

陽電池とサンシールドを配置し、常に地球がある下方向には、バス部という通信や姿勢制御などをつかさどる部分（図3‐13の下の部分）を配置することで、望遠鏡（図3‐13の上の部分）に太陽や地球からの熱が直接入らないような設計となっています。

この軌道で「あかり」が地球を1周する間に観測できる領域は、天球上の一筋の帯の部分に限られます。ところが、地球は太陽の周りを公転しているので、この帯の方向（地球上の昼夜境界線の方向）が、地球の公転に伴って回転していきます。そのおかげで、「あかり」は原理的には半年間で全天を観測することができるのです[55]。

図3‐15は「あかり」が全天を観測して作成した遠赤外線での宇宙地図です。遠赤外線での宇宙の明るさと言ってもよいでしょう。先ほども説明した通り、これは恒星の光などで温められた宇宙塵の分布を表しています。天の川銀河の中心方向が明るくなっていることから、天の川銀河の中心には大量の宇宙塵が密集していることがわかります。もう1つ気になるのは、画像の右上から左下にかけてうっすらと広がる明るい構造です。これは黄道光と呼ばれる太陽系の中の宇宙塵による明るさです。これについては5章で再び触れることにします。

55　実際には月の影響などにより、最初の半年間だけでは観測できない領域も出てきてしまいます。「あかり」は最初の1年半で全天の99%以上の領域を観測しました。

図 3－15：「あかり」による遠赤外線での宇宙地図

提供：JAXA

宇宙塵やガスが重力によって集まることで星は誕生するので、図3‐7のオリオン星雲など星の誕生の現場は、宇宙塵によって隠されているのです。「あかり」は、宇宙塵によってあたかも霧がかかったように可視光が隠されているような領域の姿をつまびらかにしました。

現在、JAXAはESAと協力して、赤外線で宇宙をより詳しく観測するため、口径2・5mの宇宙赤外線望遠鏡SPICAを打ち上げる計画を進めています。口径は「あかり」の3倍以上の大きさとなり、さらに液体ヘリウムを搭載せず、機械式冷凍機と放射冷却（宇宙に熱を捨てること）のみで望遠鏡全体を極低温に冷却する設計となっています。SPICAは現在、2020年代後半の打ち上げを目指して準備が進められていますので、皆さんの応援をよろしくお願いします。

4章

X線で見た宇宙の明るさ

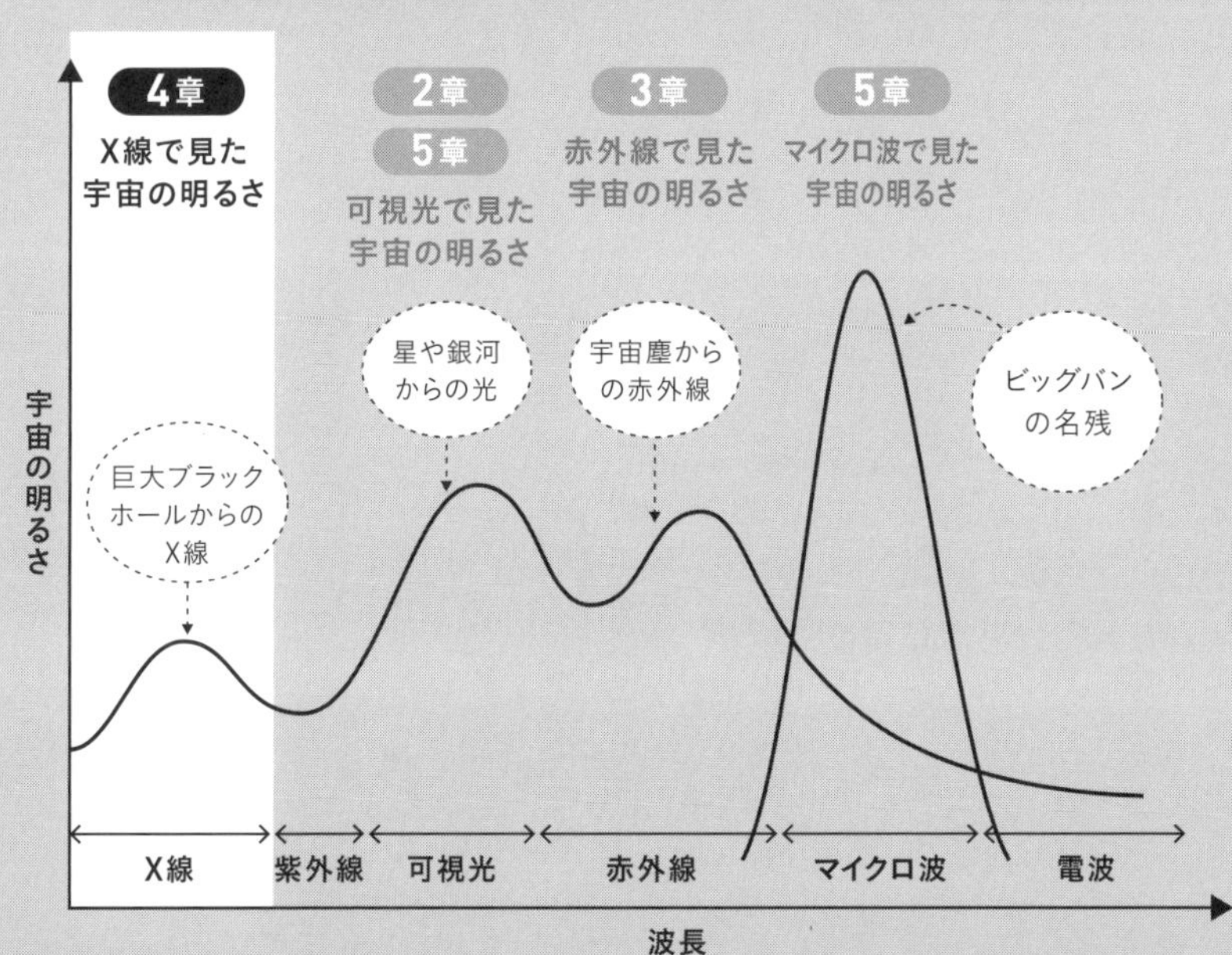

4.1 ブラックホールの正体

3章では、「夜空はどうして暗いのか」というオルバースのパラドックスを解決するために、宇宙塵によって光が吸収・散乱される可能性を検討しました。確かに宇宙塵は星から発せられた光を吸収したり散乱したりしますが、それにより宇宙塵が温められて赤外線を放射し、「赤外線での宇宙の明るさ」となるということがわかりました。このように星からの光は、宇宙塵によっては「隠しきれない」のです。

宇宙塵が星からの光を隠しきれないとすると、ではどうして夜空は暗いのでしょう。次に思いつくのは「宇宙塵ではなく、星からの光を完全に隠しきれる何かが宇宙に満ちているのではないか」といったところでしょうか？　では、「星からの光を完全に隠し切る何か」とは、どのようなものがあるのでしょう。思いつくのはそう、あの天体です。宇宙に興味がない人でも一度は名前を聞いたことがある、子供に大人気の何でも吸い込むあの天体、「**ブラックホール**」です。ブラックホールは天文観測によってその存在が確認されている実在する天体です。この章ではブラックホールについて解説し、ブラックホールが宇宙の明るさに与える影響を考えていきます。

ブラックホールからは光でさえ抜け出せない

ではまずは、ブラックホールとは何かから考えていきましょう。3章3節で人工衛星を考えた時、ボールを水平方向に投げる場合を考えました。この時、投げる速度が第1宇宙速度と呼ばれる秒速7・9㎞を超えると、投げられたボールは地球を1周して人工衛星になれるのでした。

では今回は、そのボールを水平ではなく鉛直上向きに投げ上げる場合を考えましょう。真上に投げ上げられたボールは、ある高さまで達すると、地上に落ちてきます。もっと速い速度で投げると、ボールはより高い所まで到達して落ちてきます。このようにどんどん投げ上げる速度を増していくとどうなるでしょうか？　地球上の場合、秒速11・2㎞を超えると、ボールは地球の重力を振り切り、もう落ちてこなくなります。これを「第2宇宙速度」または「（地球）脱出速度」と呼びます。

第2宇宙速度で投げ上げられたボールは、地球の重力を振り切ることはできますが、それでもまだ太陽からの重力は振り切れず、太陽の周りを回ることになります[56]。地球から投げ上げて太陽の重力も振り切り太陽系から飛び出すような速度のことを「第3宇宙速度」と呼んで、秒速16・7㎞となります。

脱出速度は「その場所の重力を振り切るために必要な速度」なので、重力が変わればその値も変わってきます。重力は距離が離れるほど弱くなるので、地球の重力も地表と上空とでは異なります。したがって脱出速度は、高い所に行けば行くほど、第2宇宙速度である秒速11・2㎞よりも小さな値となります。

また、重力は当然、その天体によっても異なります。第2宇宙速度とは地球表面からの脱出速度のことですが、月表面からの脱出速度は秒速2・4㎞、太陽表面からの脱出速度は秒速617・7㎞となります。ここで「あれ？ 太陽からの重力を振り切るために必要な速度は第3宇宙速度で秒速16・7㎞なんじゃないの？」という疑問が出てくるでしょう。これは、先ほど説明した場所による重力の影響の違いによるものです。第3宇宙速度とは「地球から太陽の重力を振り切るための速度」ですが、地球の位置は太陽から1億5000万㎞も離れているので、太陽表面よりも地球軌道の方が太陽からの重力は弱いのです。そのため、第3宇宙速度は太陽表面からの脱出速度よりも小さな値となっています[57]。

56　惑星や小惑星を探査する探査機（「はやぶさ」など）が、このような状態にあります。

57　このほか、第3宇宙速度の導出には、太陽の重力を振り切る前にまず地球の重力を振り切る必要があることや、地球の公転速度などの影響が考慮され求められます。

その場所での重力がどんどん強くなっていけば、脱出速度もどんどん速くなっていきます。そうすると、どこかで脱出速度が光速である秒速30万kmを超えます。この宇宙には原理的に光速よりも速い速度は存在しえないので、脱出速度が光速を超えるような場所においては、光であれ何であれ、その重力からは抜け出せないということを意味します。そのような重力を持つ天体をブラックホールと呼ぶのです。

ブラックホールの作り方

ブラックホールを作るためには、重力をどんどん強くしていけばよいことがわかりました。では、どうすれば重力は強くなっていくのでしょう。それは物質を圧縮していくことです。

重力は距離が離れていくと弱くなっていくと説明しましたが、逆に近づいていくと重力は強くなっていきます。例えば地球の場合、地球の質量は仮想的に地球の中心に集中していると考えて地球の周囲の重力を計算することができます。と言っても、実際の地球は大きさを持っているので、地球の半径である6400kmよりも中心に近づくことができません。そこで、地球の質量をそのままに、より小さいサイズに圧縮することが仮にできたなら、より中心に近づくことができるようになり、その圧縮された地球の表面では、重力はより強くなっています。

もし地球の半径を約9㎜ほどに圧縮できたとすると、その表面での脱出速度は光速を超えてブラックホールになります。地球の全質量を手のひらサイズの球に圧縮するなんて、とんでもない密度になっているはずだということがわかると思います。ちなみに太陽の場合は半径3㎞まで圧縮するとブラックホールになります。

星を圧縮するなんて現実的ではないと思うかもしれません。でもそのような現象は実際にこの宇宙に存在しますし、実はすでにあなたも知っているはずです。それは、2章3節で扱った恒星の進化です。恒星は進化が進むにつれ、中心の燃料が燃え尽きてなくなると、自重を支えられなくなり潰れていくという話をしました。太陽程度の質量の恒星の場合、最終的には白色矮星になって一生を終えますが、より重い星（太陽の8倍以上）の場合は、さらに潰れて中性子星という種類の天体に、さらに重く太陽の20倍以上の場合は、中性子星よりさらに潰れて、最終的にブラックホールになると考えられています。この時、最終的なブラックホールの質量は太陽の質量の数倍程度となり、残りの質量は恒星の進化の過程で宇宙空間に吐き出され、次に生まれる星の材料となります（図4-1）。すなわちブラックホールとは、重い星の進化の最終形態なのです。このことからブラックホールは「恒星の死んだ姿」とも言われます。

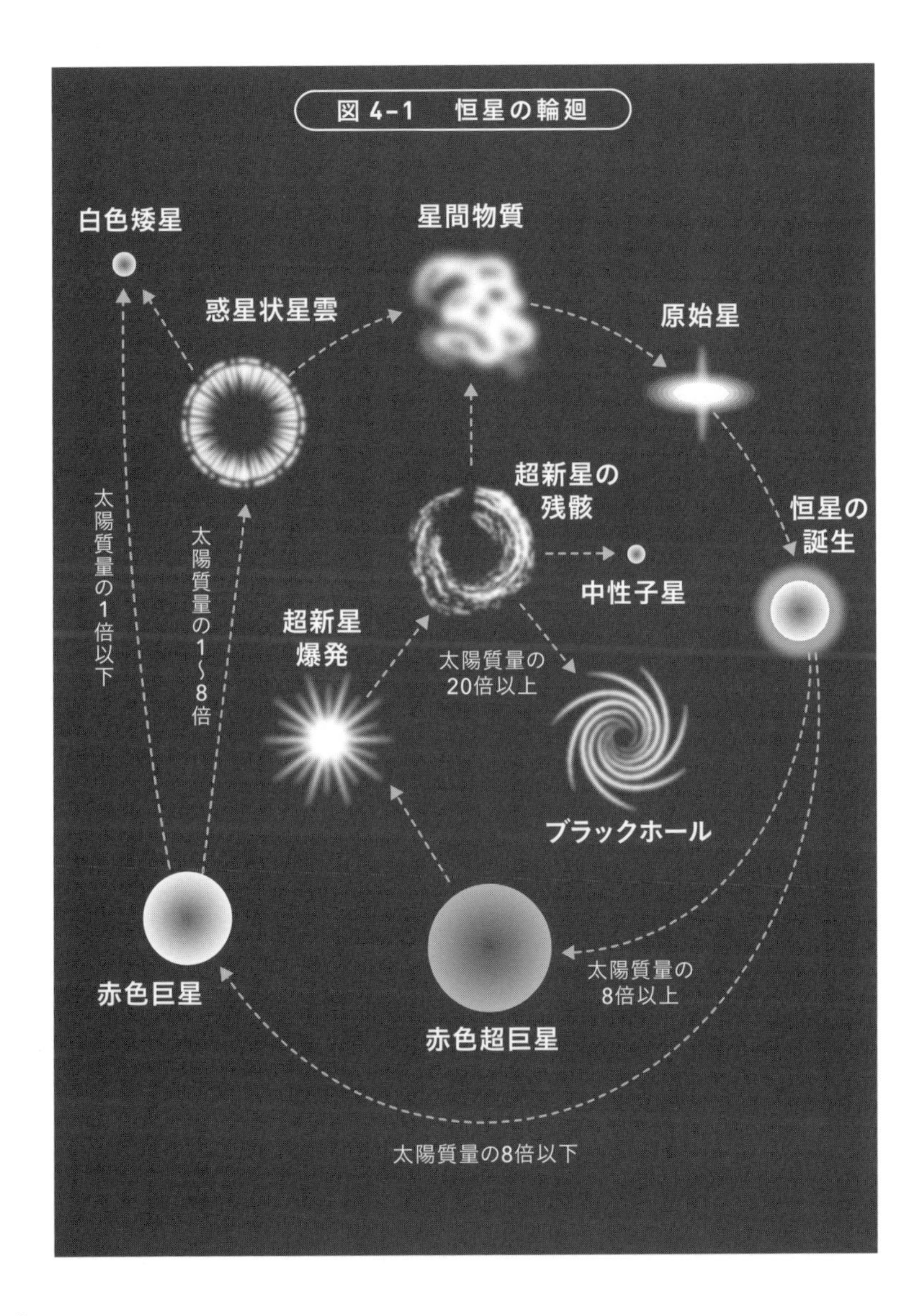
図4-1　恒星の輪廻
白色矮星
星間物質
惑星状星雲
原始星
超新星の
残骸
恒星の
誕生
太陽質量の1倍以下
太陽質量の1～8倍
中性子星
超新星
爆発
太陽質量の
20倍以上
ブラックホール
赤色巨星
赤色超巨星
太陽質量の
8倍以上
太陽質量の8倍以下

4.2 明るく輝くブラックホール

ブラックホールからは光も出てこられないのに、一体どうやって見つけるのだろうと疑問に思っている人も多いでしょう。実際は、ブラックホールは想像に反してとても明るく輝いているものも存在するので、天文観測で発見することが可能です。このため、「オルバースのパラドックス」を解決するために「星からの光を隠すもの」にはなれないのです。したがって、ブラックホールの存在によっても、「宇宙が暗い」理由を説明することはできません。

光りながらブラックホールに落ちていく

光さえも出てくることができないブラックホールが光っているとはどういうことかというと、実はブラックホールそのものが光っているのではなく、ブラックホールに向かって物が落ち込んでいくその周囲の物質が光っているのです。

ブラックホールは何でも周囲の物質を吸い込みますが、それら周囲の物質はブラックホールにまっすぐに落ちていくのではありません。例えばお風呂の栓を抜いた時、水はぐるぐると渦を描きながら流れ落ちていきます。それと似たような感じで、ブラックホールに物質が落ち込む時、その物質は渦を巻きながらその周囲に円盤を作ります（図4-2）。この円盤のことを降着（こうちゃく）円盤と言います。

物質は降着円盤の中で渦を巻きながらブラックホールに落ちていく過程で、摩擦などによって温められ、100万度を超える超高温になります。また、降着円盤の物質は全てブラックホールに吸い込まれるわけではなく、一部はブラックホールの両極から吐き出されます（図4-2）。これをジェットと言います。なんでも吸い込むはずのブラックホールからジェットが放出されていると聞くと、なんだか意外な感じがしますが、実際にジェットは観測されています（図4-3）。ですが、降着円盤からブラックホールに落ち込む物質がどのようなメカニズムでジェットとして噴き出されるかは、おそらく磁場などが関係しているのだろうと考えられてはいますが、詳しいことはまだわかっていません。

図 4−2：ブラックホールの想像図

出所：NASA

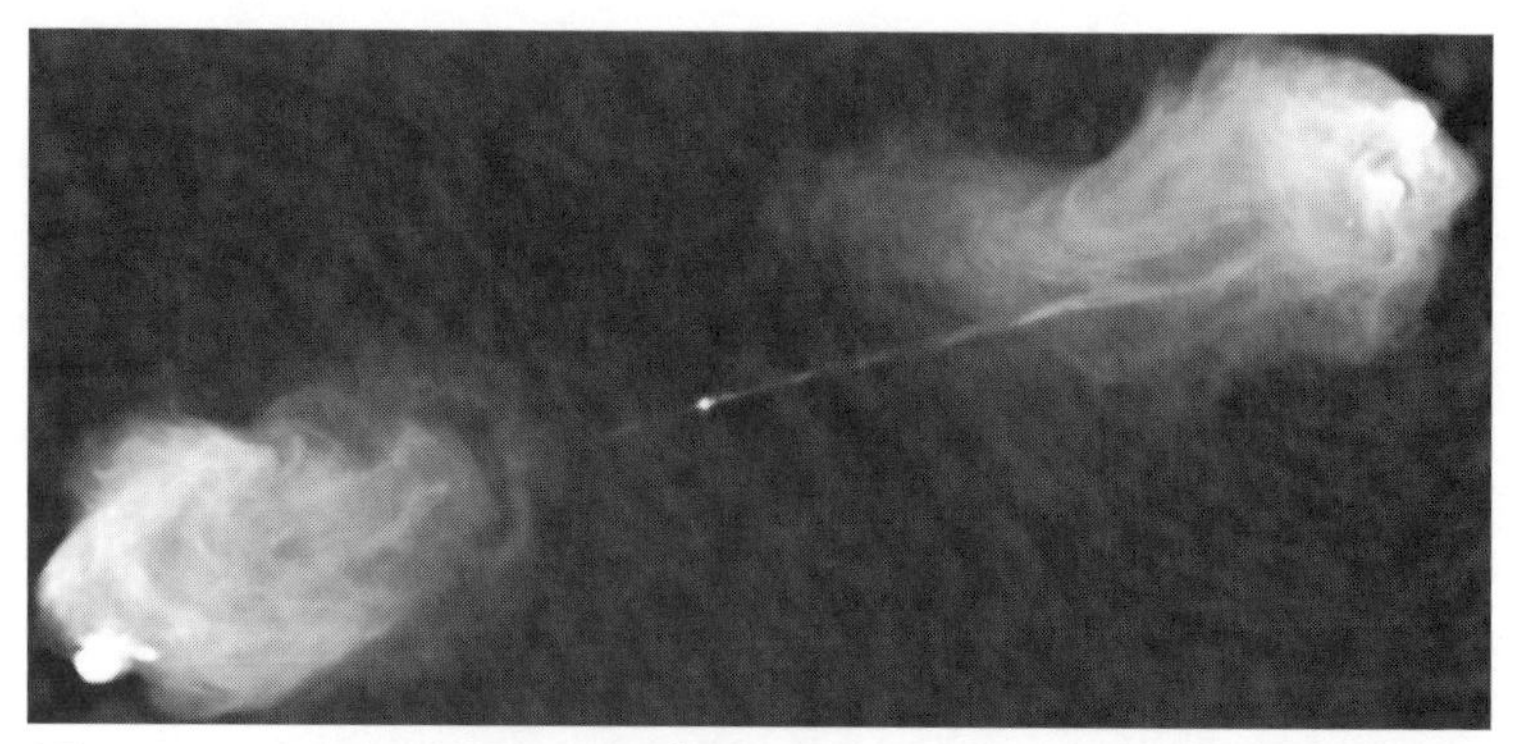

図 4−3：はくちょう座 A のブラックホールから放出されるジェット

出所：NRAO/AUI

ブラックホールの発見

3章2節で温度と光の波長の関係について触れました。太陽表面ほどの温度（約6000K）だと主に可視光が放射され、宇宙塵はそれより冷たい（約30K）ので、可視光よりも波長が長い赤外線で光っているのでした。同様に考えると、降着円盤は100万度と非常に高温なので、可視光よりも波長の短い光、すなわちX線を大量に放射します。[58] つまり、ブラックホールは、X線でとても明るい天体として観測されるのです。X線は地球大気で吸収されてしまうので（図3-8）、赤外線と同様に天文衛星による宇宙からの観測が必須です。

1970年にNASAが打ち上げたX線天文衛星ウフルを用いて、小田稔らは、X線で明るい「はくちょう座X-1」という天体を詳細に観測し、この天体はブラックホールであると主張しました。これは以下のような根拠で今では間違いなくブラックホールであると確認されています。

まず、「はくちょう座X-1」の位置に太陽の30倍程度の質量の恒星が存在することが発見されました。しかし恒星からこれほどのX線が放射されているとは考えられないので、この恒星が「はくちょう座X-1」の正体ではありません。また、こ

58　ブラックホールからは、このような熱的なX線放射に加えて、非熱的なX線放射も出ています。

の恒星は太陽の10倍程度の質量の「何か」と連星になっていることも確認されたのですが、そのいるはずの太陽の10倍程度の質量の相方の天体は可視光では見えません。この、太陽の10倍程度の質量でX線を放射する、可視光では見えない「何か」こそが、「はくちょう座X－1」の正体であり、ブラックホールだと確認されたのです。

ブラックホールが蒸発する？

以上で説明したのは、ブラックホールそのものから出ている光ではなく、ブラックホールの周囲（降着円盤やジェット）から放出される光（X線）の話でした。実はこれとは別に、光が一切出てこられないと考えられていたブラックホールから光が放出されることが1970年代に理論的に導かれました。これを導き出したのは、あの車椅子に乗った天才宇宙物理学者のスティーブン・ホーキング[59]なので、ホーキング放射と呼ばれています。

光を出せないはずのブラックホールからなぜ光が出てくるのかという理論は、一般相対性理論と量子力学という、現代物理の2大理論を組み合わせて考えなければならないのでここでは詳細を省きます[60]。結論だけ言うと「小さなブラックホールほど多くの光（エネルギー）を出す」となります。

現在見つかっている太陽程度の質量のブラックホールの場合、ホーキング放射で放出されるエネルギーは微々たるもので無視できます。ただし、まだ見つかってはいませんが、原子程度の微小なブラックホールが仮にあったとすると、ブラックホールという名前とは対照的に、そこからは大量のエネルギーが主にX線やガンマ線として放出されているはずで、とても明るく輝いているはずです。そして最終的にはブラックホールが持つエネルギーを全て放出しきってブラックホールはなくなってしまうと考えられています。これを「ブラックホールの蒸発」と言いますが、まだ観測的には確認されていません。

59　ホーキングは学生時代に筋萎縮性側索硬化症（ALS）を発症しました。ALSは発症後5年程度で死に至るケースが多いのですが、ホーキングの場合は幸いにも発症から50年以上たった2016年現在でも存命です。ホーキング放射の発見を含む彼の多くの宇宙物理における業績は、ALSにより体がほとんど動かなくなり、紙も鉛筆も使えなくなってしまって以降のものです。

60　量子力学的効果を考えると、何もない空間から、質量がプラスの物質と質量がマイナスの物質が形成されると考えることができます。これらの物質はできた直後に再びくっついて「何もなかったこと」になるのですが、たまたまブラックホールの表面近くでこの現象が起こり、そのときに質量がマイナスの物質だけがブラックホールに吸い込まれ、もう片方のプラスの質量が外に飛び出したとすると、結果的にその分だけブラックホールの質量が減り、エネルギーが放出されたことになります。これがホーキング放射に相当するわけです（詳細はref7）。

4.3 ブラックホールは光を曲げる

ブラックホールはその名前に反してその周囲は明るく輝いており「見える」ということがわかりました。では実際にブラックホールに近づいてその本体を見ると、どのように見えるのでしょうか?

重力レンズ効果の観測

ここでカギを握るのが**重力レンズ効果**です。虫眼鏡のようなレンズを光が通ると、光が屈折します。同様に光は、強い重力によっても曲げられるのです。

重力によって光が曲がるという効果は、アインシュタインの一般相対性理論によって理論的に予言され、第一次世界大戦直後の1919年5月29日の皆既日食の際にアーサー・エディントンらの観測によって最初に確認されました。観測が可能な程度に光が曲がるほど強い重力源は、当時は太陽しか知られていなかったのですが、太陽の周囲はもちろん昼なので星は

図4−4：重力レンズ効果

出所：NASA（Hubble）

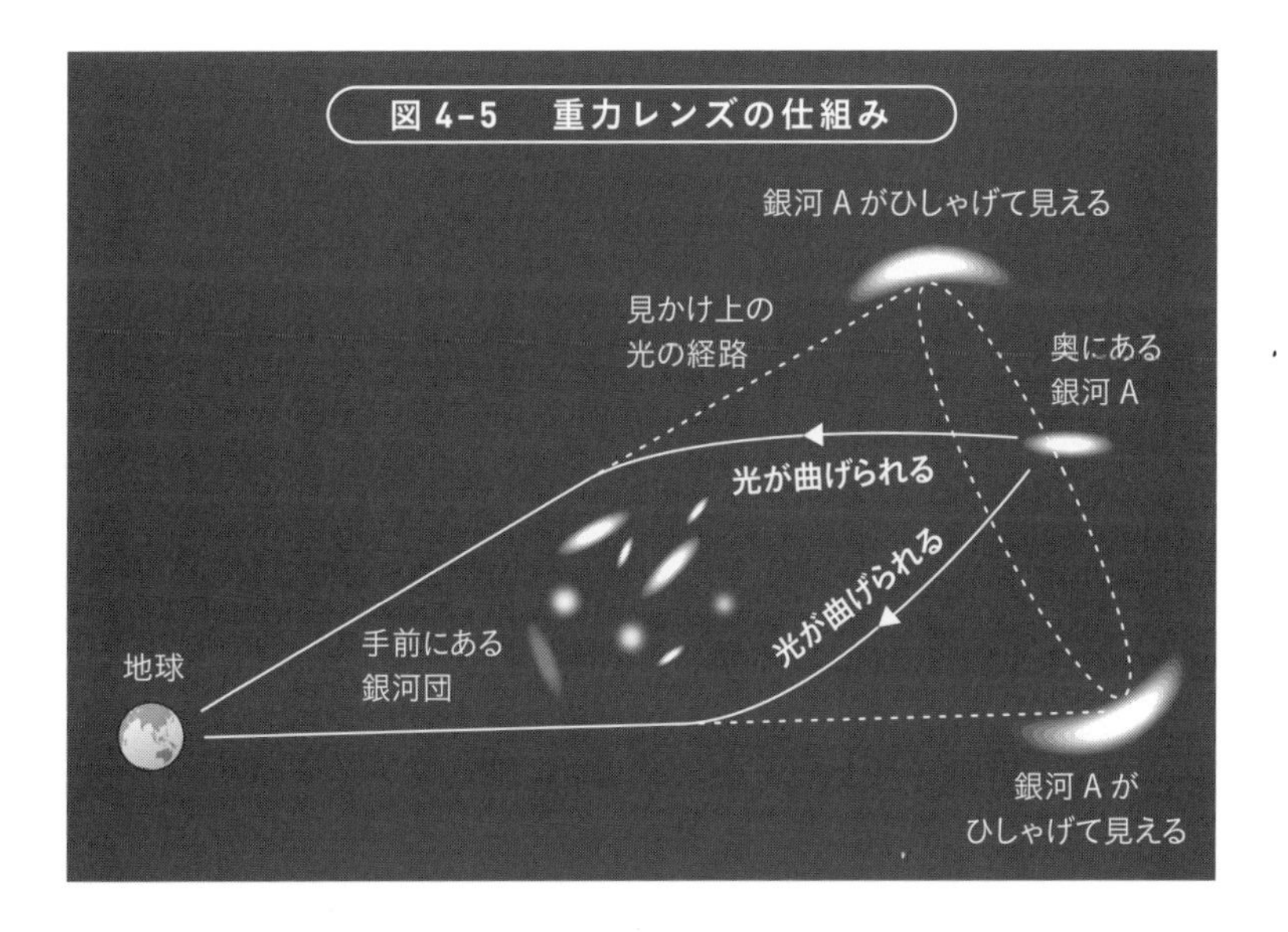

見えません。そこで皆既日食中の暗くなるわずかな時間に太陽周辺の星の位置を観測し、その観測された星の位置から、確かに背景の星からの光が太陽の重力によって曲がっていることを確認したのです。この観測が、一般相対性理論が正しいという決定的な証拠となりました。

現在では重力レンズ効果によって光が曲がる様子は色々な天文観測によって確認されています。図4-4はハッブル宇宙望遠鏡で撮影された重力レンズの影響を受けた銀河の画像です。手前の銀河団の重力によって、背景の銀河が重力レンズ効果によって曲げられています(図4-5)。重力レンズ効果はレンズという名の通り、暗い天体からの光がレンズ効果により明るくなるので、遠方にある暗い天体も効率的に観測できるという利点があります。一方で、レンズ効果により形がひしゃげてしまうという欠点もあります。

ブラックホールの見え方

ブラックホールの周囲は強い重力なので、この重力レンズ効果もとても強く効きます。したがって、周りの降着円盤からの光が重力レンズ効果によって曲げられ、強められ、とても不思議なパターンとして見えると予想されています。図4-6は、重力研究で世界的に有名なキップ・ソーンが、映画「インターステラー」のために計算したブラックホール周囲の様

図4-6：ブラックホールの見え方のシミュレーション

出所：IOP SCIENCE

子です。この映画では、ブラックホールが重要な役割を果たしますが、その際にブラックホールに近づいた時に実際にどのように見えるかを正しく表現するために、ブラックホールの周囲の重力とそれによる光の曲がり方を、最新のブラックホール理論とコンピュータシミュレーションによって計算したのです。

この図を見ると、ブラックホール本体からは光は届かず、その名の通り黒い穴として見えますが、その周囲は強い重力により背景の光を強く曲げ、その重力レンズ効果により周囲はとても明るく見えることがわかります。

巨大ブラックホール

ブラックホールは恒星の進化の最終段階として作られると4章1節で説明しました。このことから、ブラックホールの質量は、恒星と同程度、すなわち太陽と同じくらいの質量を持ちます。このようなブラックホールを「恒星質量ブラックホール」と言います。一方で、この宇宙には別の種類のブラックホールもあります。それは「巨大ブラックホール」と呼ばれるもので、太陽の100万倍以上の質量を持ち、その名の通り巨大なブラックホールです。このような巨大ブラックホールは銀河の中心に存在していると考えられており、私たちの住む天の川銀河の中心部にも存在します。

活動的な銀河

4章2節で説明した通り、ブラックホールに物が落ち込むと、その落ち込んでいくものが温められたり、ブラックホールからジェットが出たりして明るく輝きます。同様に、銀河の中心にある巨大ブラックホールに周囲の物質が落ち込んだ時も同様で、銀河中心が明るく輝いたり、そこからジェットが出ているような銀河があります。このように中心のブラックホールがとても明るく輝いている銀河のことを**活動銀河**、活動銀河の中心で明るく輝くブラックホールのことを**活動銀河核**（Active Galactic Nucleus, AGN）と言います。

活動銀河核からは大量のX線やガンマ線が放出されるので、活動銀河はX線観測で発見されるのが一般的です。また、ブラックホールの中心に物質（宇宙塵）が多い活動銀河の場合は、中心の活動銀河核が宇宙塵によって隠され、この時にその宇宙塵は活動銀河からのX線などによって温められるので、赤外線で明るく輝く「宇宙塵に隠された活動銀河核」として観測されます。

ほぼ全ての銀河の中心には巨大ブラックホールがあると考えられますが、その全てが活動銀河になっているとは限りません。巨大ブラックホールの周囲に吸い込むべき物質がないと、その巨大ブラックホールは輝くことができず静かなのです。私たちの住むこの天の川銀河の中心の巨大ブラックホールは、現在は活動的ではない静かなブラックホールの状態です。

恒星の進化の最終段階として、太陽と同程度の質量の恒星質量ブラックホールができます。一方で、銀河の中心には太陽の100万倍以上の質量の巨大ブラックホールがあります。では、巨大ブラックホールはどのようにできるのかというと、有力な説として、恒星質量ブラックホールが衝突合体してどんどん大きくなっていったと考えられています。そんなブラックホールの合体がつい最近、実際に観測されました。ブラックホールの合体に伴う**重力波**が観測されたのです。

ついに検出、重力波

重力波とは、巨大な質量を持つ物体が高速で移動した時に発生する時空のさざ波のことで、これもアインシュタインの一般相対性理論により存在が予言されていました。

重力波が存在する最初の証拠は1974年に得られました。2つのパルサー（中性子星の一種）からなる連星の観測を続けたところ、この2つのパルサーの距離が徐々に縮まっていることが観測されました。これは、連星パルサーからエネルギーが放出されていることを意味しており、その放出されたエネルギーの量は、連星パルサーから重力波でエネルギーが放出されたとする計算とよく一致しました。これは重力波が存在することの間接的な証拠とされ、この発見をしたジョゼフ・テイラーとラッセル・ハルスは1993年にノーベル物理学賞を受賞しました。ただ、これは重力波が直接検出されたわけではありません。そこでそれ以降、重力波を直接検出しようという試みが続けられてきました。

重力波とは時空のさざ波だと言いました。これはどういう意味かというと、「時間と空間が伸び縮みする」という意味です。重力波を直接検出するとは、空間が伸び縮みする、すなわちものの長さが変化する様子を検出すればよいのです。しかし、それが実際はとても難しいのです。なぜなら、予想される空間の伸び縮みの量はわずか10^{-21}（10垓分の1）程度、例えると「地球と太陽の距離が水素原子1個分の大きさほど変化する」ほど微小なものだからです。

こんな微小な変化が本当に検出されるなんて信じがたいですが、２０１６年2月に実際に重力波が検出されたと発表されました。検出したのは、アメリカのＬＩＧＯ（ライゴ）という実験施設です。ＬＩＧＯは簡単に言うと、長さ４㎞程度の合わせ鏡が直交して設置されていて、この鏡の間をレーザー光を往復させ、その合わせ鏡の間隔の微小な変化を検出する仕組みとなっています。ＬＩＧＯは同じ実験施設が、アメリカ合衆国の東西両海岸にそれぞれ設置されています。

ＬＩＧＯが最初に検出した重力波は、２０１５年9月14日に検出された、約13億光年かなたで起こったブラックホールの衝突合体でした。太陽の36倍の質量を持つブラックホールと、太陽の29倍の質量を持つブラックホールが合体して、太陽の62倍の質量を持つブラックホールになりました。29＋36→62なので計算が合わないじゃないかと思うかもしれませんが、合体前後の質量の差分の３太陽質量分のエネルギーが重力波として宇宙空間に放出され、それをLIGOが検出したのです。LIGOはその後もブラックホールの合体を複数回検出しています。

この発見により、この宇宙では実際にブラックホールが合体して大きくなっていること、そしてそのようなブラックホールの合体が今まで考えられていたよりも頻繁に起こっていることが明らかとなりました。国内にも、岐阜県の神岡鉱山の地下に重力波望遠鏡KAGRAが建設中です。

今回の重力波の初検出により、重力波を用いて宇宙を探る「重力波天文学」が本格的に幕を開けました。現代の天文学では、重力波に限らず、ニュートリノや宇宙線など、電磁波以外も使って宇宙を調べています。このように、電磁波に限らない様々な宇宙からの情報を用いて宇宙を調べる**「マルチメッセンジャー天文学」**が、今後ますます重要になってくると考えられています。

X線での宇宙の明るさ

ここまでで見てきた通り、ブラックホールは物質や光を吸収するだけでなく、周囲の物質を吸い込む際に主にX線で輝くことがわかりました。特に、銀河の中心には巨大ブラックホー

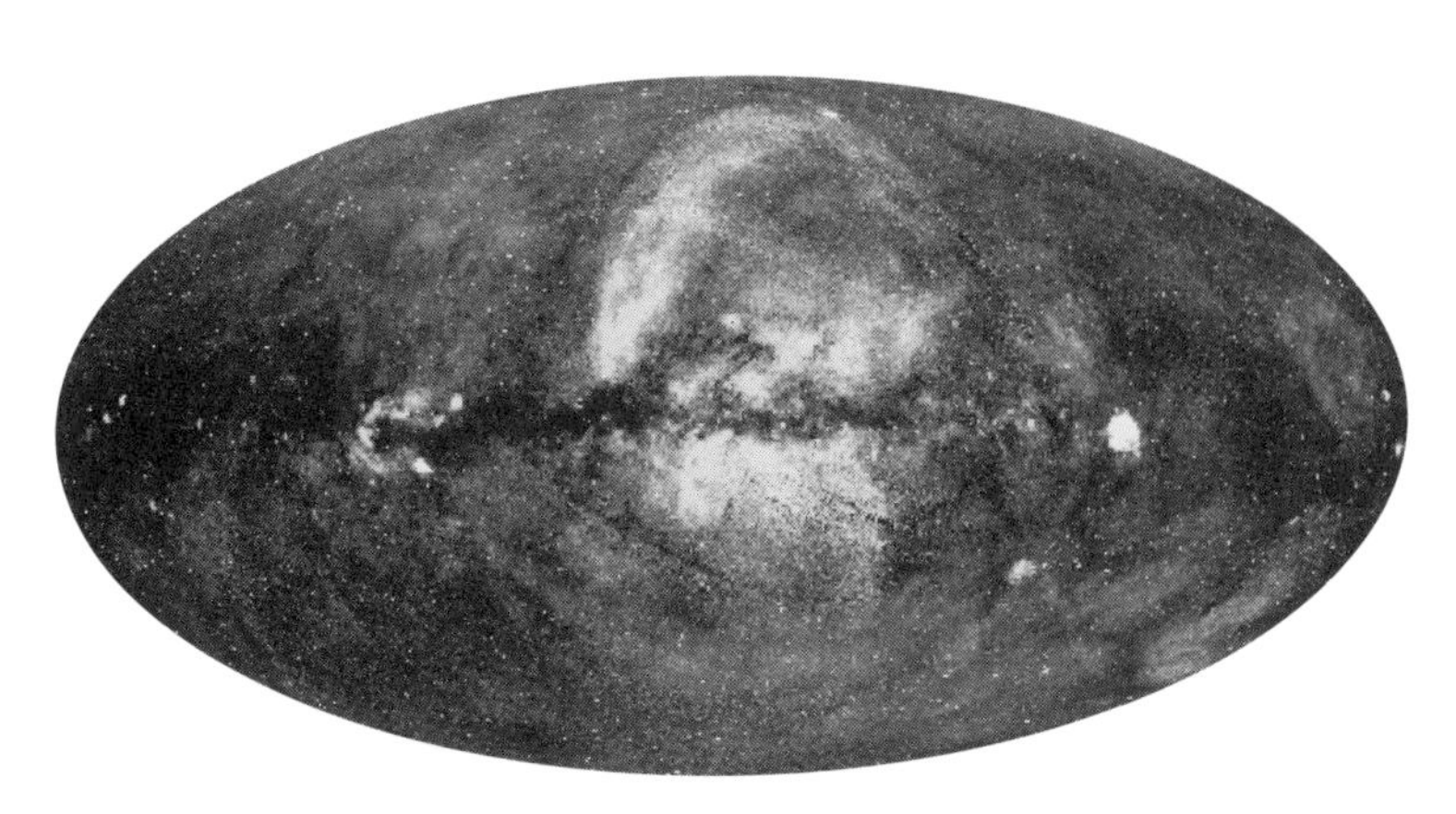

図4−7：X線で見た宇宙の明るさ

提供：M.J.Freyberg, R.Egger

ルが存在し、その中にはその巨大ブラックホールが周囲の物質を吸収しながらX線で明るく輝く活動銀河と呼ばれる銀河も多く存在することがわかりました。このことから、オルバースのパラドックスを解決するために、「ブラックホールが光を吸収しているため、宇宙は暗いのだ」という説明を持ち出すのは間違いであるということがわかってもらえたと思います。むしろ、ブラックホールは星からの光を隠すどころか、X線を宇宙にばらまいているのです。

図4・7はX線で見た宇宙の明るさです。X線で宇宙を見ると、宇宙全体がほんのり輝いているのです。銀河面の右側に見える明るい天体は、約1万年前に発生した超新星爆発の残骸（ほ座超新星残骸）で、800光

年彼方にあります。また中央上側に向かって吹き上がっているように見える構造は、ノースポーラースパーと呼ばれる構造で、昔の超新星爆発の跡だとする説と、天の川銀河中心部で昔に大爆発があった際の名残だとする説が考えられています。[61]そして銀河面から離れた部分（図４－７の中心以外の部分）が主に天の川銀河の外からやってきたと考えられるX線での宇宙の明るさで、その多くは遠方の活動銀河からのX線が起源だと考えられています。

61　祖父江義明 (2006) ,天文月報 99, 582
http://www.asj.or.jp/geppou/archive_open/2006_99_10/99_582.pdf

5章

夜空が暗い本当の理由

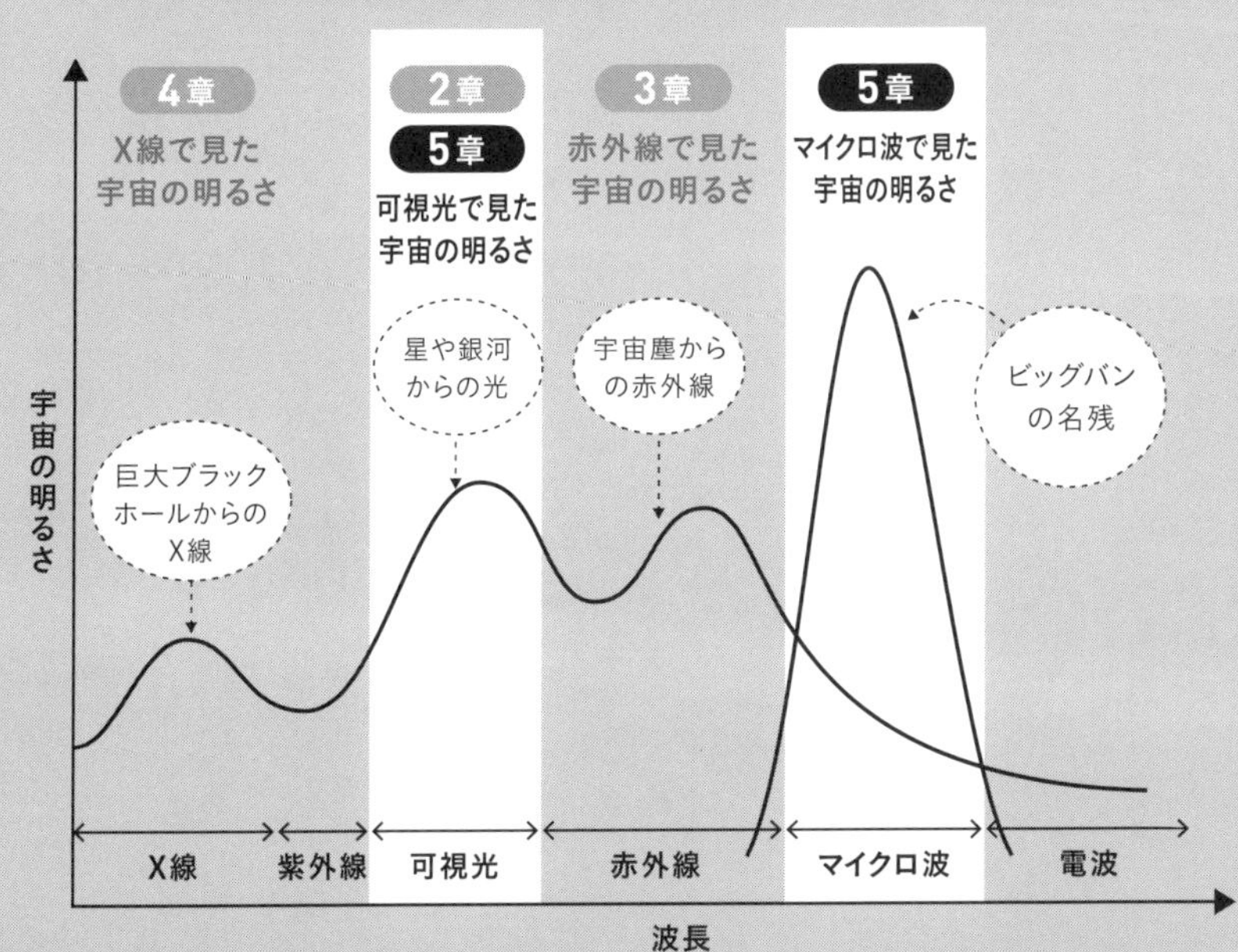

5.1 夜空はどこまで見えている？

ここで、改めて今までの話をおさらいして論点を整理してみましょう。私たちは、なぜ夜空が暗いのかを考えていました。もし宇宙が無限に広く、その中に星が無数に存在し、無限の過去から輝いていたとしたら、その星からの光で宇宙は夜でも明るくなってしまうはずだからです（2章5節）。

この「オルバースのパラドックス」に対して、「途中で光が吸収されているから夜空は暗くなる」という可能性を考えてきました。例えば3章では、宇宙塵による光の吸収を考えましたが、宇宙塵が温められて再び光（赤外線）を放出してしまうことから、オルバースのパラドックスの解決にはなりえないとわかりました。さらに4章では、光さえも抜け出せないブラックホールを検討しましたが、これも物質を吸収することでX線を放射して明るいため、オルバースのパラドックスを解決できません。

以上から、「何らかの理由で光が吸収されているから夜空は暗い」という方向での解決は難しそうです。

背景限界距離

　では、なぜ宇宙は暗いのでしょうか？　その解決のため、夜空が暗い理由をもう一度おさらいしてみましょう。２章５節では、図２‐17のように宇宙を距離ごとにレイヤーに区切って考えました。星１個１個は遠ざかるにつれ暗くなっていきますが、星が一様に分布しているとすると、各レイヤーに存在する星の数は距離が増すごとに増えていくので、それらの効果が打ち消し合い、全てのレイヤーは同じ明るさに見えることになります。その明るさとは、一番手前の太陽があるレイヤーの明るさです。したがって、どの方向を見ても、どこかのレイヤーが視界に入るはずなので、空は太陽表面のように明るくなっているはずだ、ということでした。

　これをもう少し詳しく考えていきます。私たちは夜空を見上げた時、必ずどこかのレイヤーが視界に入っています。では、私たちはどこまで遠くのレイヤーを見ているのでしょうか？　言い方を変えると、私たちが夜空を見上げた時、どこまで遠くの星が見えているのでしょうか？

　星から発せられた光はまっすぐ飛んできます[62]。ある星と私たちの間に別の星があれば、その光は遮られてしまいます。つまり私たちが見ている星の光は、見ている方向

62　重力レンズ効果などで途中で曲げられることもあります。

にある最も手前の星ということになります。もちろん見ている夜空までの距離は見ている方向によって異なります。たまたま近くの星が視界に入っている時もありますし、もっと遠くの星からの光が目に届いている時もあります。ここで考えたいのは、夜空を見上げた時、「平均として」どれくらい遠くの星を見ていることになるのか、ということです。

今まで話を簡単にするために、全ての星は太陽と同じような星で、無限に広がる宇宙に一様に分布していると考えていました。ここで、その星の半径をr、星の数密度をnとしましょう。そうすると、私たちから見ると、その星は半径rの円の形、すなわち面積$S=\pi r^2$として見えるはずです。

さて、その星から光が私たちに向けて、距離Lだけ飛んできたとします。このLが私たちの求めたい距離です。そうすると、光が埋める体積は$V=SL$となります。この体積の中に存在する星の数は1個です。なぜなら、見ている星の背景の星は見えないので、必ず一番手前の星1個だけしか見えないからです。そうすると、体積$V=SL$の中に星が1個なので、星の数密度は$n=1/SL$となります。これを変形すると、見ている星までの距離は$L=1/nS$となります。すなわち、どれくらいの大きさの星がどれくらいの密度で宇宙に存在しているかがわかると、平均してどれくらいの距離の星を見ていることになるのかが計算できるのです。この距離のことを**背景限界距離**[63]と言います。

図5-1　背景限界距離とは

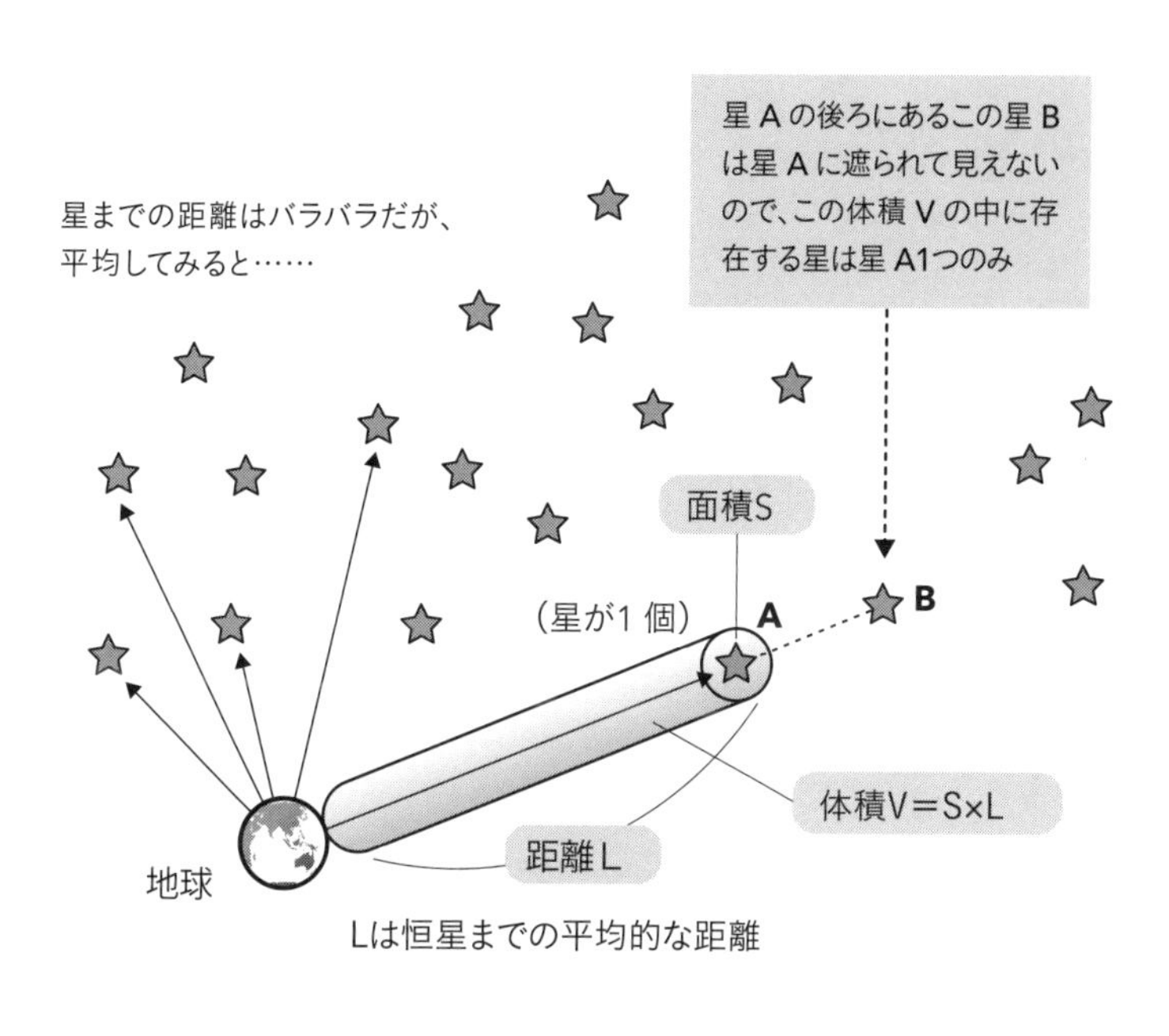

$$\text{星の数密度}\,n = \frac{\text{個数}}{\text{体積}} = \frac{1}{SL}$$

63　物理に詳しい人は「平均自由行程」と言ったほうがわかりやすいかもしれません。

背景限界距離、すなわち夜空を見上げた時に見える星までの平均距離は、星の数密度nと星の大きさSが大きくなるほど短くなります。これは直感的にもわかりやすいですよね。星の数密度nや星の大きさSが大きいということは、それだけ星が密集しているということなので、それだけ遠くを見通しにくいということになります。

1000垓光年という想像を絶する距離

では現実の宇宙では、一体どの程度の背景限界距離になっているのでしょうか？　ちょっと計算してみましょう。

まず星の大きさは太陽の大きさを考えているので、その半径は約70万kmです。また、恒星の距離を正確に測ったヒッパルコス衛星によると、太陽系から10光年（＝約10^{14}km）の距離にある恒星は12個です。ここから恒星の数密度を見積り、背景限界距離を計算してみると、背景限界距離は約10^{16}光年（1京光年）という、とても大きな数字になってしまいます。すなわち計算上は、太陽のような星が、太陽系の周りと同程度の密度で無限の宇宙に一様に分布しているとすると、夜空を見上げた時に目に入る星までの平均的な距離は、1京光年ということです。

また、ここでは、恒星の密度を太陽の周辺で考えましたが、私たちは銀河系の中という宇宙の中では特に密度が濃い領域にいます。宇宙全体を見渡すと恒星の密度はもっと薄くなります。それを考慮した背景限界距離は約10^{23}光年（1000垓光年）にもなるそうです。

この1000垓光年という想像もできないほどのとてつもなく大きな背景限界距離が、オルバースのパラドックスを解くカギです。以下では、2つの異なる説明によって、なぜ夜空が暗いのかを解説していきます。

5.2 星の寿命が足りない

ここでは、ビッグバンとかそういう難しいことは考えないことにして（次の節で考えます）、まずは今までと同様、無限に広い空間に星が無限に存在する宇宙を考えます。

あまりに短い星の寿命

無限に広い空間に星が無限に存在するような宇宙でさえも、夜空を見上げると、（平均して）

1000垓光年かなたまで見通せてしまいます。それほどまでに宇宙における星の数密度はスカスカなのです。ということは、今私たちが考えている無限に広い宇宙の中で、私たちが見ることができる範囲は、私たちを中心におおよそ半径1000垓光年の球の範囲だということになります。

1000垓光年離れた星からの光が私たちに届くまでには1000垓年の時間がかかります。一方で、恒星は水素を燃料として核融合反応で光を出しているので、その燃料である水素がなくなれば光はもう出せなくなります。これが恒星の寿命です。恒星の寿命は太陽のような星の場合で約100億年です（2章3節）。恒星の寿命は質量が小さいほど長くなります[64]が、それでもせいぜい1兆年程度が限度です。すなわち、1000垓年の時間をかけて光が私たちの元に届く間、恒星はずっと光っていられないのです。むしろ、恒星が光っている時間はほんのわずかです。仮に全ての星の寿命が太陽と同じ100億年だとしたら、恒星が光っている確率はわずかに10兆分の1（100億/1000垓）程度となってしまいます。

話をまとめると次の通りです。無限に広い宇宙に星が無限に分布しているのなら、夜空は太陽面と同程度に明るくなるはずです。ただしこの結論が導

64　質量が小さい恒星の方が、燃料である水素の量が少ないので寿命が短いような気もしますが、実際は質量が大きい恒星ほど激しく核融合反応して速いスピードで燃料である水素を消費するので、質量が軽い恒星ほど寿命は長くなるのです。

かれるためには、全ての星がずっと光っているという前提がありました。ところが、実際の星の数密度はスカスカなので、夜空を明るくするためには、1000垓光年かなたまで見通す必要があります。そのためには1000垓年の昔から今までの時間を考える必要がありますが、この長い時間に比べて星の寿命はずっと短く、約10兆分の1程度です。すなわち、ここで分布していると考えている恒星は全てが光っているわけではなく、確率的にその10兆分の1しか光っていないことになります。星が全体の10兆分の1程度にしか光っていないとしたら、私たちに届く光の量も10兆分の1になってしまいます。

結論として、夜空の明るさは太陽面の明るさの10兆分の1の明るさ（これはおおよそ私たちが知っている暗い夜空の明るさに相当）にしかならないということです。これがオルバースのパラドックスを解決する説明です。

忘れられていたケルヴィン卿による正解

最初にこのような計算により夜空が暗いと正しく説明したのは、ケルヴィン卿の名で知られるウィリアム・トムソンで1884年頃のことでした。ケルヴィンの名は、絶対温度（3章2節）の単位としてその名が現在でも使われています。もちろん、当時は恒星の寿命や星の数密度を現在のように正確には知らなかったので、ケルヴィンが見積もった値はここで紹介した値とは微妙に異なりますが、結論は同じです。

　この結論が意味するところは、「宇宙が無限に広く、その中に星が無数にあろうとも」夜空は暗くなってしまうということです。なぜなら、宇宙の中で星はスカスカにしか存在しないので、宇宙を明るく輝かせるためには、星の寿命では足りないからです。このようにケルヴィンは夜空が暗いことを見事に説明したのですが、実はエドワード・ハリソンが１９８７年にそのことを紹介するまで、世間ではこの事実はほとんど知られていませんでした。本書も、このハリソンの書籍［ref1］を大いに参考にしています。

宇宙年齢では時間が足りない

　ケルヴィンは、無限に広い宇宙に星が無数にある場合でも、夜空は暗くなることを見事に説明しました。しかし、現代に生きる私たちは、今から説明するように、実際の観測可能な宇宙は空間的にも時間的にも無限ではなく、その中に星が無限個あるわけでもないということとを既に知っています（ケルヴィンの時代にはまだ知られていませんでした）。そこでここからは、夜空が暗いことを、時間的にも空間的にも宇宙は無限ではないことを根拠に説明していきましょう。

宇宙はじっとしていられない

2章5節で説明したように、重力とは引力なので、この宇宙に星や銀河が分布していると、いずれはそれらが引き合い、一点に集まってしまうはずだとニュートンは説明しました。このニュートンによる重力理論はその後、1915年にアインシュタインの一般相対性理論によってより精密なものとなりました。

一般相対性理論によると、重力と空間は密接に関係しています。そんな一般相対性理論で宇宙に星や銀河が分布している様子を計算すると、ニュートンの時と同じく、星や銀河が重力によって引き合い一点に集まろうとします。その時に空間そのものも引きずってしまい、宇宙空間そのものも収縮してしまうか、あるいは、最初に何らかの理由で宇宙空間そのものが膨張していて、それが重力によってブレーキがかかりながら広がっていくかのどちらかしかありえないという結果になってしまいます（実際は後者が正しかったわけです）。どちらにせよ、宇宙空間がずっと静止しているということはありえないという計算結果になってしまうのです。

しかし当時は「宇宙は永遠不変なもの」というのが常識でしたし、アインシュタイン自身も当時はそう信じていました。そのため、この宇宙が収縮したり膨張したりするなんて信じられなかったので、宇宙が永遠不変になるように自分が作った式にちょっとした細工を加えます。宇宙が収縮したり膨張したりしてしまう理由は、重力には引力しかないからなので、それとちょうど釣り合うような「万有斥力」に相当するような「宇宙項」と呼ばれるものを一般相対性理論に加えたのです。こうすることで「永遠不変な宇宙」という結果が得られます。

ハッブルの大発見

ところが1920年、再びハッブルが、今度は**ハッブルの法則**として今では知られている大発見をします[65]。ハッブルは色々な方向にある銀河を分光してスペクトル線を測りました。1章2節で扱った通り、太陽でいうフラウンホーファー線のように、銀河のスペクトルにも決まった波長にスペクトル線が現れ

65　この2年前に、ジョルジュ・ルメートルが同様の発見をしていたのですが、残念ながらこの成果はほとんど世間に知られることはありませんでした。

るはずなのですが、ハッブルが観測した銀河からのスペクトル線は、赤い方向（波長が長い方向）にずれていました。これを**赤方偏移**と言います。

赤方偏移とは光バージョンのドップラー効果です。救急車のサイレンの音が、近づいてくる時は高く（波長が短く）、遠ざかっていく時は低く（波長が長く）聞こえるという経験があると思います。同様に光も、光源が遠ざかっているときは赤く（波長が長く）、近づいてくるときは青く（波長が短く）なります。

ハッブルが観測した銀河のスペクトルが赤い方向にずれているということは、その観測した銀河は地球から遠ざかっているということを意味しています。ハッブルは多くの銀河の観測から「銀河はあらゆる方向で距離に比例した速度で遠ざかっている」という発見をしたのです。これがハッブルの法則です。

では、ハッブルの法則は一体何を意味しているのでしょう？　重要なポイントは「あらゆる方向で」「距離に比例した速度で」銀河が遠ざかっているということです。これを簡単に図示したのが図5-2です。これを見ると、あたかも地球（天の川銀河）が宇宙の中心にあるように思います。このように全ての銀河がたまたま、地球（天の川銀河）から遠ざかるように動いているとは考えにくいのです。そうではなく、銀河が動いているのではなく、銀河が乗っている宇宙空間そのものが膨張していると考えるのです。そう考えると、ハッブルの法

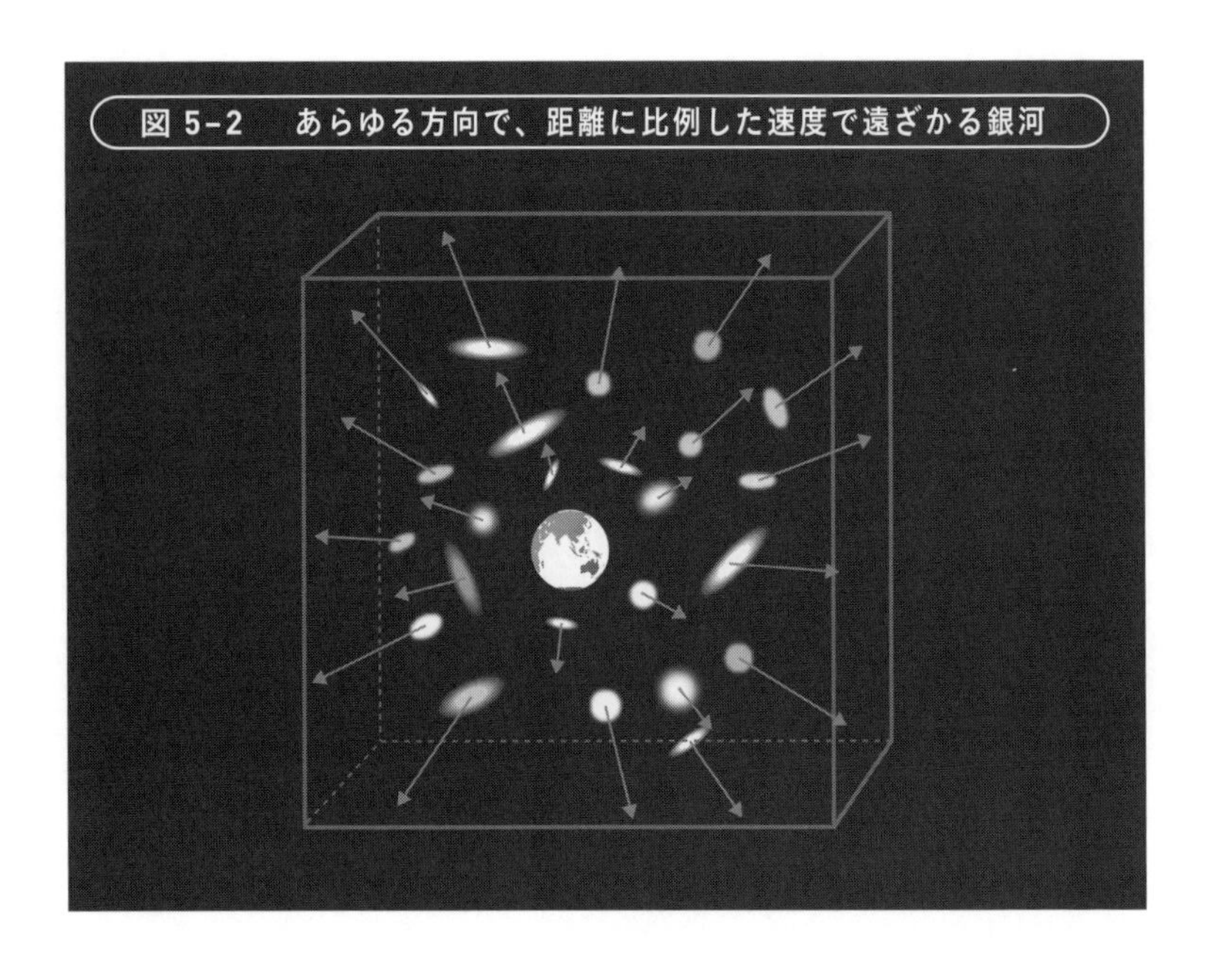
図 5-2　あらゆる方向で、距離に比例した速度で遠ざかる銀河

則で示された通り、全ての遠くの銀河は「あらゆる方向で」「距離に比例した速度で」遠ざかっているという観測事実を素直に説明できます。
図5‐3で、日本地図そのものが宇宙空間で、東京の位置に地球（天の川銀河）が、大阪と札幌それぞれの位置に別の銀河があるとしましょう。大阪銀河と札幌銀河はそれぞれ日本地図（すなわち宇宙空間）に対して静止しているけれども、その日本地図そのものが膨張して大きくなると、東京銀河（私たちのいる天の川銀河）からの距離は元々の距離に比例して

図5-3　宇宙膨張を日本地図で考える

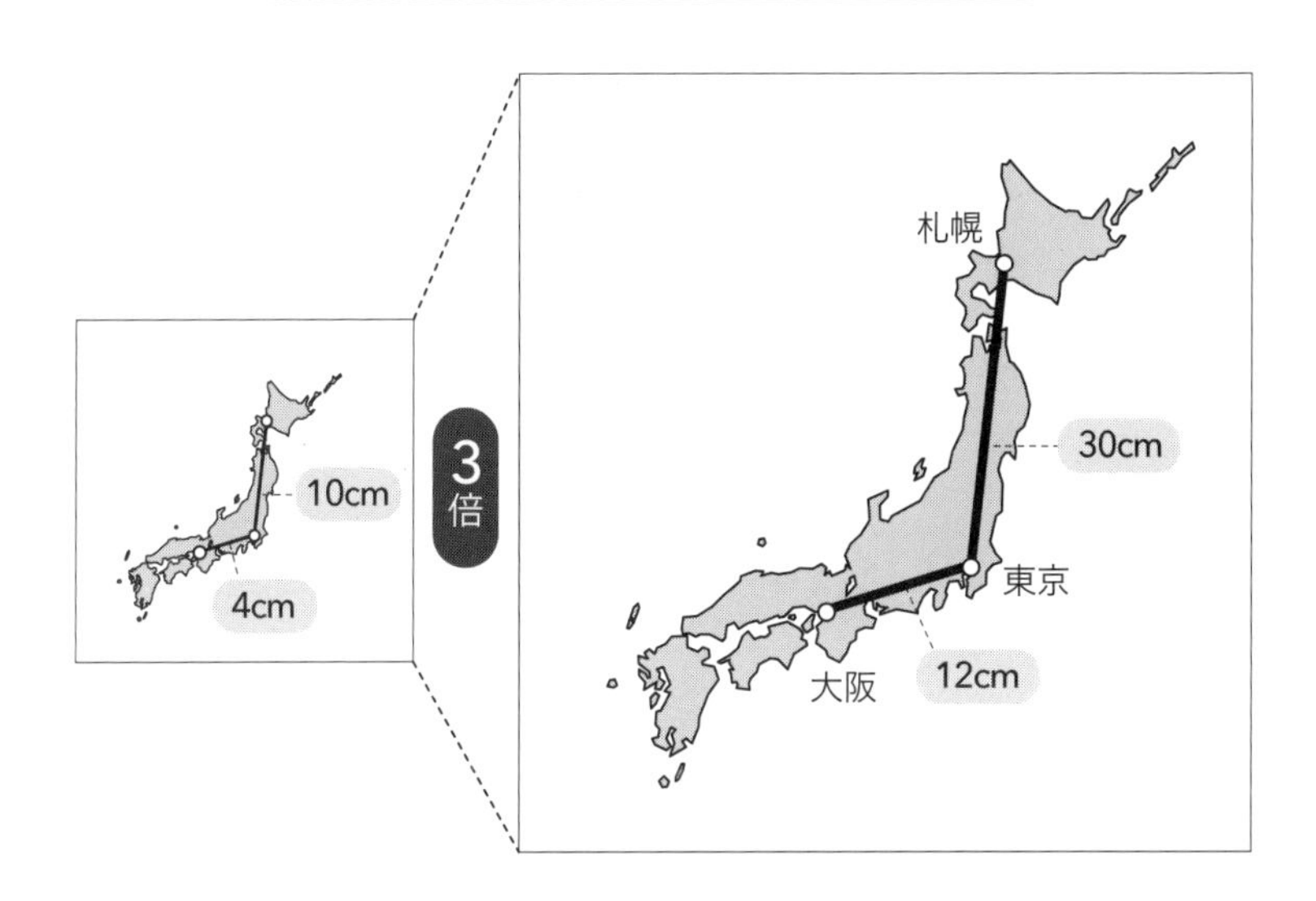

大きくなります。これが、宇宙膨張によって全ての遠くの銀河は「あらゆる方向で」「距離に比例した速度で」遠ざかることの説明です。つまりハッブルの法則の発見は、宇宙膨張の発見だったのです。

この観測結果を知ったアインシュタインは、ハッブルのいるウィルソン山天文台を訪れ、自らハッブルから観測の説明を受け、宇宙が膨張しているということに納得して、自分が付け足した宇宙項を撤回しました[66]。

結局アインシュタインは正しかった？

ところがまだ話には続きがあります。宇宙を支配している重力は引力なので、それは常に宇宙膨張に対してブレーキの役割を果たすはずで、したがって宇宙の膨張速度は減速しているはずと考えられていました。

ところがIa型超新星爆発という星の大爆発を標準光源として使って、近くの宇宙と遠くの宇宙の膨張速度を比較した結果、宇宙の膨張速度はむしろ加速しているということが1990年台後半からわかり始めました。これは、何らかの「万有斥力的なもの」があって、それが重力に打ち勝って宇宙を加速度的に膨張させていると今では考えられています。

では、その「万有斥力的なもの」とは何でしょうか？　実はその正体は現時点ではまったくわかっていません。天文学者は何かわからない物があると、「暗黒なんとか」という名前を付けることが多いのです。そこで、この謎の「万有斥力的なもの」は**暗黒エネルギー（ダークエネルギー）**と呼ばれています[67]。

この暗黒エネルギーの正体はまったくわかっていませんが、数学的には宇宙項がその役割を果たします。すなわち、アインシュタインが撤回した宇宙項を含む形で、今では一般相対性理論が使われているのです。ちなみに、Ia型超新星爆発を使って宇宙の加速膨張を発見したソール・パールマッター、ブライアン・シュミット、アダム・リースの3名は2011年にノーベル物理学賞を受賞しました。

ビッグバンがあった証拠

ハッブルの法則は宇宙そのものが膨張していることを意味しています。宇宙が膨張しているということは、昔の宇宙は今よりも小さかったということです。そのようなかつての小さな宇宙では、宇宙の中の物質がぎゅっと圧縮されているような状態になるので、今よりも宇宙は高温高圧になっていたはずです。

そのように考えていくと、宇宙は超高温高圧の一点からの大爆発から始まったとする考えに至ります。これが**ビッグバン理論**です。この宇宙に始まりがあったなんて、なかなか信じられません。それは当時の天文学者たちも同様で、宇宙に始まりがあったという理論に否定的だったフレッド・ホイルはラジオ番組のなかで「宇宙は大爆発（Big Bang）で始まったらしい」と皮肉りました。しかしさ

66　ちなみにこの時アインシュタインが言ったとされる「生涯最大の誤り」というセリフは、実はアインシュタイン自身が言ったという記録は残されていないようです[ref7]。
67　他に有名な「暗黒なんとか」には、質量があるが目には見えない謎の物質である「暗黒物質（ダークマター）」などがあります。このほか、宇宙の歴史において、最初の恒星が誕生する前の時代は、宇宙に光源がないため観測することができません。このような時代は現在の天文学において観測的にはまだほとんど何もわかっていないことから、宇宙の「暗黒時代」と呼ばれています。

図 5−4：宇宙マイクロ波背景放射

出所：ESA

らに皮肉なことに、この時の発言から「ビッグバン理論」という名称が定着しました。

今ではビッグバンが確かにあったとする証拠がいくつか確認されています。1章5節で説明した通り、物質を温めていくとプラズマ状態になります。また、光はプラズマの中ではまっすぐに進めないという性質があるので、光はプラズマの中に閉じ込められたような状態になります。誕生直後に高温プラズマ状態だった宇宙は、膨張と共に冷えていき、誕生から約38万年後にプラズマ状態から普通の状態に変化します。この時にプラズマ宇宙の中に閉じ込められていた光が一気に解放される、すなわち宇宙全体が光り輝きます。この時のこの現象のことを**宇宙の晴れ上がり**と言います。

宇宙の晴れ上がりの時に放たれた光は大きく赤方偏移して、現在では**宇宙マイクロ波背景放射**（Cosmic Microwave Background, CMB）と呼ばれる、マイクロ波（電波の1種）での宇宙の明るさとして観測されています。この宇宙マイクロ波背景放射を最初に発見したアーノ・ペンジアスとロバート・ウィルソンは1978年に、後にCOBE（コービー）という人工衛星で宇宙マイクロ波背景放射を精密観測したジョージ・スムートとジョン・マザーは2006年に、それぞれノーベル物理学賞を受賞しました。

この宇宙マイクロ波背景放射の発見が、ビッグバン宇宙論の決定的証拠となりました。今では、この宇宙マイクロ波背景放射の詳細な観測から、ビッグバンは138億年前にあったことがわかっています。私たちはたった2000年前に邪馬台国がどこにあったかさえわからないのに、人類は138億年前に宇宙は大爆発で誕生したと断言できるなんてすごいことだと思いませんか？

オルバースのパラドックスに対する現代的な回答

では、ここまでの話をまとめましょう。宇宙マイクロ波背景放射と呼ばれる「マイクロ波での宇宙の明るさ」の観測から、この宇宙は138億年前にビッグバンで誕生したということがわかりました。ここから導かれる結論は、私たちは138億光年かなたまでしか見ることができないということです。そこより遠くにある銀河からの光が私たちの目に届くのに、宇宙年齢では時間が足りないからです。

一方で、5章1節で考えたように、背景限界距離である1000垓光年程度まで見通してやっと、「オルバースのパラドックス」で考えているように夜空が明るく見えるのでした。つまり、遠くの星や銀河からの光を足し合わせると夜空が明るくなるはずなのに、なぜ夜は暗いのか、というオルバースのパラドックスに対する回答は、「時間的にも空間的にも宇宙は有限なので、宇宙の観測可能な範囲に存在する星の数は有限であり、しかも遠くの星や銀河からの光が私たちのもとに届くのに、宇宙年齢では時間が足りないから」となるのです。[68]

5.4 現在の宇宙の明るさは？

遠くの銀河などからの光が重なり合って「宇宙の明るさ」を作ります。宇宙の大きさが無限で、その中に無限の星があれば、宇宙は明るくなると思われがちですが、[69]原理的に

138億光年かなたまでしか見通すことができないので、宇宙は暗いのだという説明が成り立ちます。ここで、この宇宙の「暗さ」を観測することで、言い方を変えると、この宇宙にはどれくらいの光が存在するのかを観測することで、銀河などからの光を138億光年まで重ね合わせた「宇宙の歴史」を調べることができます。実は私はそのような観測的な研究を進めています。最後に、そのような「宇宙の明るさ（暗さ）を測る研究」の紹介をして本書を終えようと思います。

人類が見ることができる最も遠い銀河

まずは、望遠鏡を用いて、どのくらい遠くの天体まで観測できているのか、ということを紹介しましょう。図5-5は、一見しただけでは星も銀河も何もないように見える「真っ暗な」宇宙の領域を、ハッブル宇宙望遠鏡を用いて520時間以上も観測した時の画像です。ハッブル・エクストリーム・ディープ・フィールド（Hubble

68　小説家のエドガー・アラン・ポーは1848 年に自著で「（星までの）距離があまりに遠いので、光線がまだ我々の元に届いていない」と、ここと同じ回答を与えており、これがオルバースのパラドックスに対する最初の正しい回答とされています。これを何らかの計算で示したわけではなく、定性的な説明ではありますが、ビッグバン理論はおろか、ケルヴィン卿による回答にも先立ち正しい答えを提示している点は注目に値します。
69　実際は5章2節で説明したように、この宇宙の星の数密度がスカスカで、しかも星の寿命も有限なので、そんな宇宙が無限に広くその中に無限に星があったとしても、夜空は暗くなります。

eXtreme Deep Field, XDF）と呼ばれています。

　このように、一見何もないように見える領域でも、望遠鏡を用いて詳細に観測してみると、遠くの銀河が見えてきます。これらの銀河は、遠いもので約120億光年以上かなたの銀河が見えていると考えられています。これらの銀河を観測することで、宇宙が誕生してから138億年の間に、この宇宙の中で星や銀河がどのように誕生し進化して現在の宇宙に至ったかを調べることができるのです。例えば、宇宙の歴史の中では、今から約100億年前に「宇宙のベビーブーム」とも言える、宇宙全体で活発に星が誕生した時代があったことが知られています。現在は、このベビーブームも過ぎ、星形成が落ち着いた時代です。

　このような観測に基づく最新の研究成果によると、観測可能な宇宙の中には、約2兆個の銀河が存在すると推定されています。一方で、再び図5-5を見てみると、数多く写っている銀河と銀河の間は何もない暗い領域で占められていることがわかります。このことから、今まで考えてきた通り、この宇宙はやはり「スカスカ」で、そのため夜空は暗いのだということもわかります。

　このように、遠くに存在する銀河も含めて知られている銀河を全て足し合わせることで作られる宇宙の明るさ（暗さ）はどの程度かというと、おおよそ「ディズニーランドをろうそく3本で照らした程度の明るさ」と表現できます[70]。分かりやすいのだか分かりにくいのだか

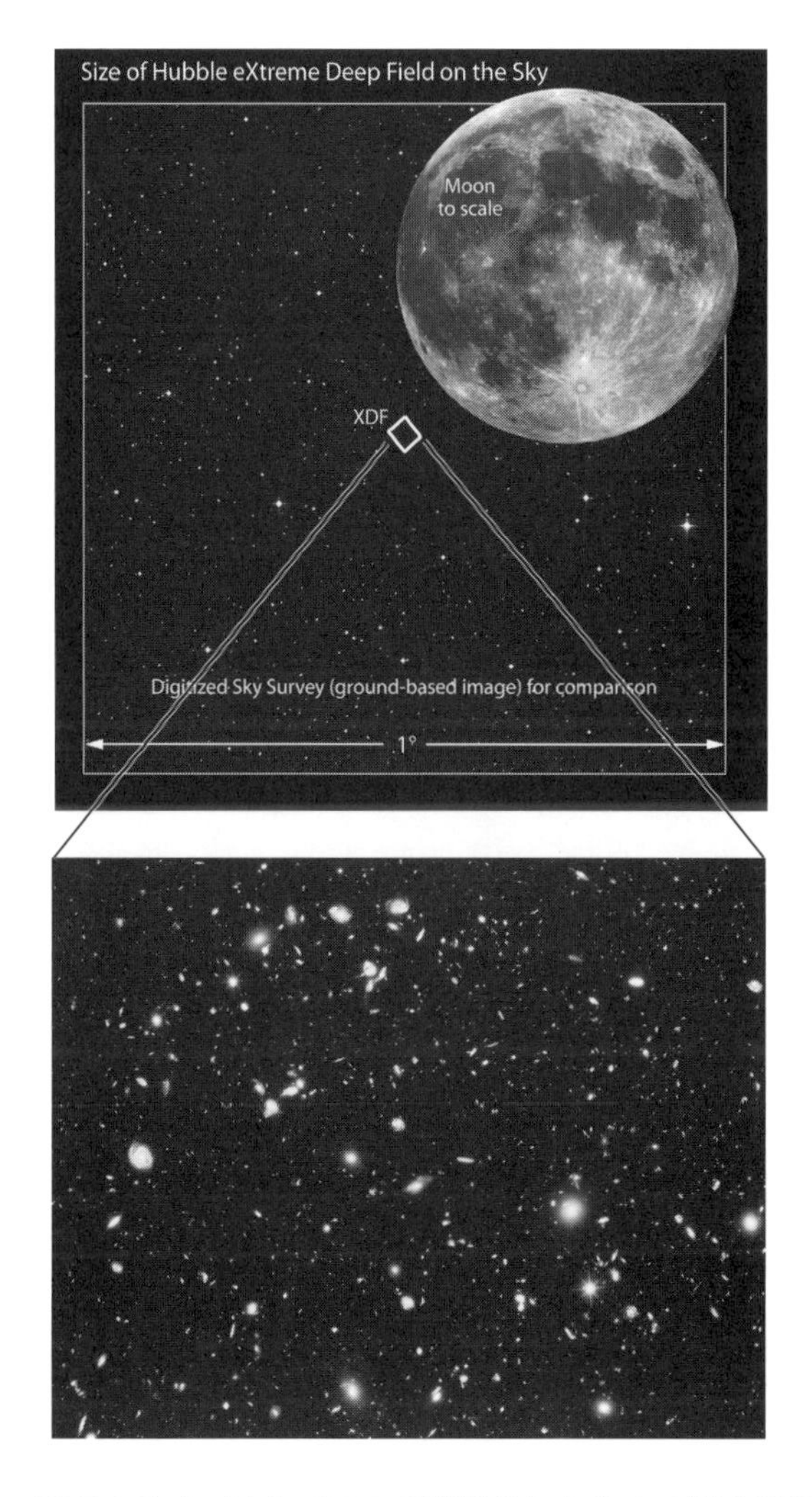

図 5−5：XDF の広さ（上）、XDF で観測された多くの遠方銀河（下）

出所：NASA（Hubble）

分からない例えですが、宇宙は暗いのだということは伝わるのではないかと思います。

「宇宙の暗さ」を直接測る

上記の方法は、遠くの銀河まで観測して、それら遠方の銀河から届く光を1つずつ積算して求めた明るさです。宇宙に存在する（可視光での）光源は主に、恒星の集団である銀河なので、宇宙の明るさを求める方法として、銀河の明るさを足し合わせるこの方法は最もわかりやすい王道の方法なのですが、100億光年以上も隔てた遠くの銀河からのわずかな光を検出するためには、巨大な望遠鏡で長時間の観測が必要です。人類が現時点で持っている最大の望遠鏡を用いても、最も遠い、すなわち、宇宙誕生直後に最初に誕生した星や銀河を捉えることは非常に困難です。

そこで、もう1つの方法として、銀河をひとつひとつ観測するのではなく、宇宙の明るさを直接測定することで、宇宙の歴史を探ろうという研究手法もあります。いまや私達は夜空は眩しいほどには明るくないということがわかったので、「宇宙の明るさを測定する」と言うよりも「宇宙の暗さを測定する」と言った方がわかりやすいかもしれません。

70 http://www.astroarts.co.jp/news/2011/07/11visible_backlight/index-j.shtml

今まで説明してきた通り、宇宙の明るさとは、138億光年かなたの宇宙誕生の頃から現在に至るまでに存在する全ての銀河や星からの光の足し合わせなので、夜空の明るさ（暗さ）を測定することで、この宇宙の歴史を通して、どれだけの光源（星や銀河）があるのかを調べることができるのです。この夜空の明るさの測定を通して宇宙の歴史を調べる方法のメリットは、この目的専用に作られた望遠鏡ならば、巨大な望遠鏡である必要はなく、小さな望遠鏡でも宇宙の明るさを測定できるという点です。

そのような観測は3章3節で紹介したIRTSや「あかり」やCOBEといった宇宙望遠鏡のほか、私たちの研究グループが中心となってNASAの小さなロケットを用いたCIBER（サイバー）というプロジェクトでの観測も進められてきました（図5-6）。図5-7はCIBERによって観測された宇宙の明るさです。星や銀河が写っていない「真っ暗な」領域を詳細に解析して、この宇宙の明るさ（暗さ）のまだら模様（空間的ゆらぎ）を観測できています。

このように直接観測により得られた「宇宙の明るさ（暗さ）」は、先ほど紹介したハッブル宇宙望遠鏡の観測のように、遠方の銀河を観測してそれらを足し合わせることで求めた「ディズニーランドにろうそく3本」に相当する明るさよりも、数倍程度明るいという結果が得られています。この結果が意味するところは、ハッブル宇宙望遠鏡のような現在の最先

撮影：新井俊明

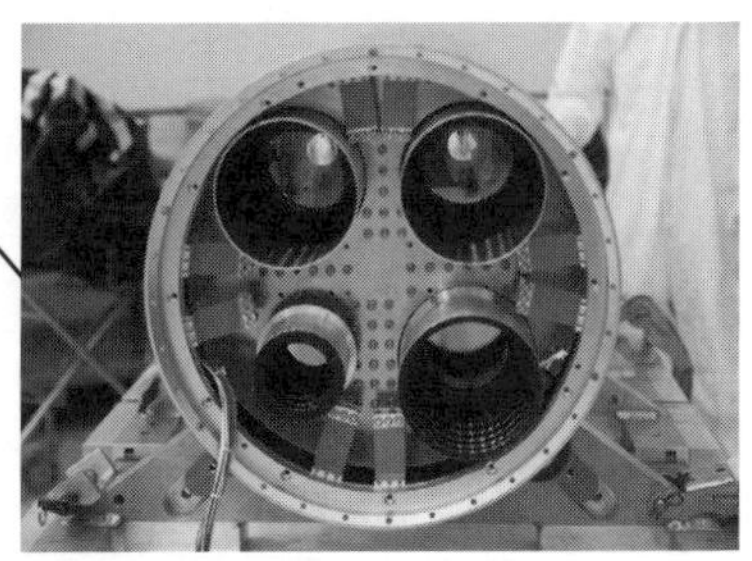

図 5-6：CIBER 打上の様子（上）、CIBER 搭載ロケット（下）

写真提供：著者

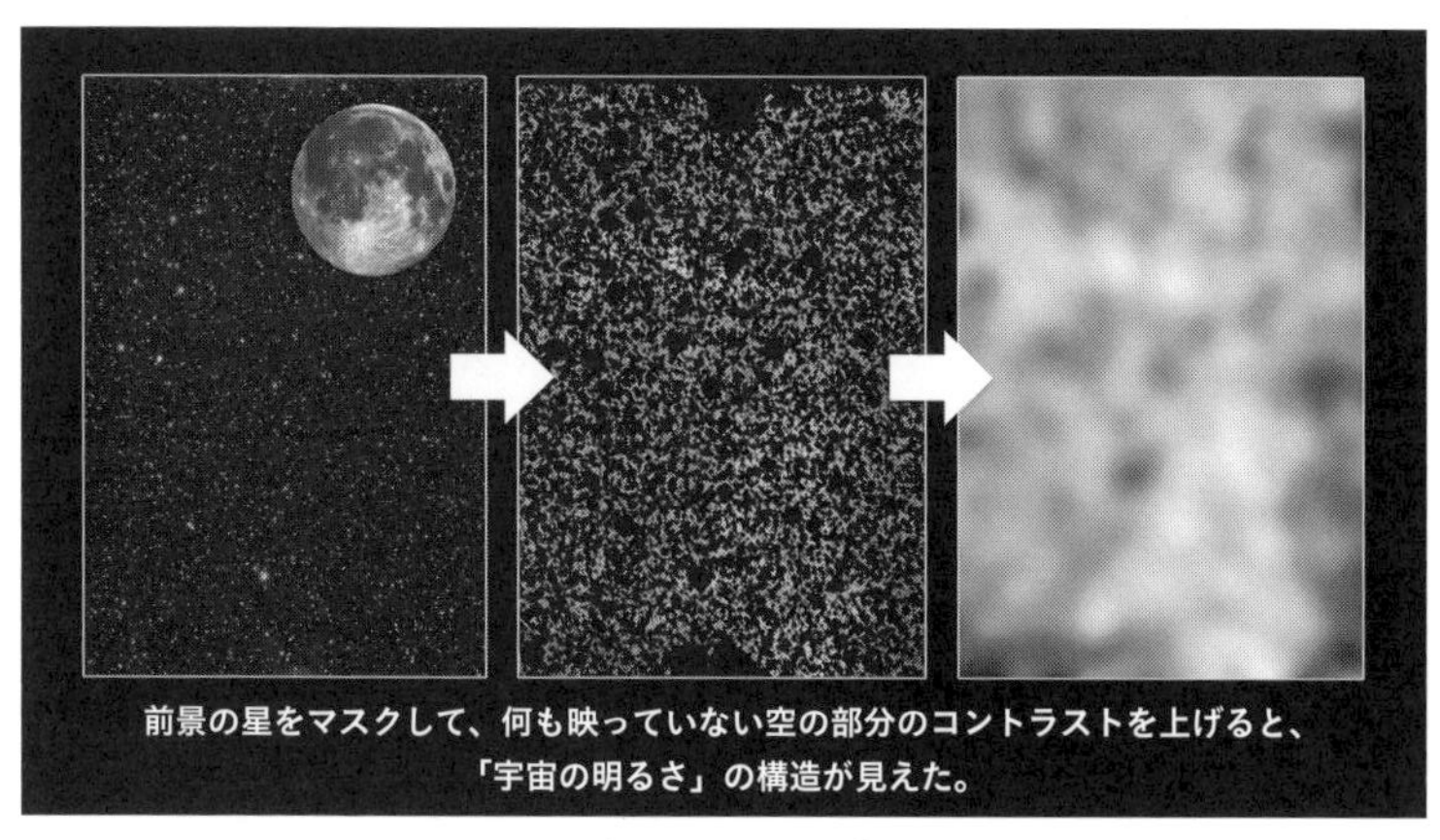

図5−7：CIBERが観測した「宇宙の明るさ」

出所：NASA

端の望遠鏡を用いてもまだ見ることのできない天体がまだ宇宙に数多く存在する可能性を示唆しており、その信ぴょう性も含めて現在研究が進められています。

太陽系から飛び出せ

この「夜空の明るさ（暗さ）を直接測定する」という方法は、比較的小さな望遠鏡でも観測できるというメリットがあるのですが、欠点もあります。それは、「手前の明るさと奥の明るさの見分けがつかない」という点です。

図5-8のように、星や銀河の明るさを求める場合は、その天体と周りの空の明るさを差し引きすることで、その星や銀河の

明るさだけを抽出することができます。しかし夜空の明るさを求める場合にはそれができません。実は、夜空の明るさの大半が、太陽系の明るさ（**黄道光**（こうどうこう））なのです。黄道光とは、太陽系内の宇宙塵（惑星間塵）が太陽光を散乱した光です。それを調べることで太陽系の構造や進化の様子がわかるので、それはそれで面白い研究となりうるのですが、ここでのテーマである「夜空の明るさ（暗さ）の観測から宇宙の歴史を調べる」という目的にとっては手前の邪魔な明るさとなってしまいます。1章で触れたように、あたかも街明かりや地球大気の明るさのせいで、肝心の夜空が見えない状況に似ています。この時は、地球大気の明るさが邪魔なら、その外に行けばよいということで、宇宙望遠鏡を用いることで、地球大気の邪魔な明るさから逃れられることを紹介しました。そこでこの考え方を発展させ、邪魔な太陽系内の明るさから逃れるために、太陽系の外まで行ってしまおうという大胆な計画も準備が進められています。それがEXZIT計画です。

　太陽系の外まで行くと言っても、邪魔な太陽系の明るさ（黄道光）から逃れるためなら、木星軌道（5.2天文単位）まで行けば十分だということがわかっています。一方JAXAは、はやぶさ2の後継機として、木星のトロヤ群という所に存在する小惑星まで探査機を飛ばす計画を進めています（図5-9）。EXZIT計画は、この木星トロヤ群探査機に、宇宙の明るさを測定する専用の望遠鏡を搭載することで、太陽系の明るさに邪魔されない世界初の

図5-8　木星まで行くと天体観測がしやすい理由

天体の明るさは、周りの空の明るさと差引きすることで抽出できる

宇宙の明るさは、手前の太陽系や天の川銀河の明るさから分離できない

木星まで行くと、太陽系の明るさがなくなるので、宇宙の明るさの測定が劇的にしやすくなる

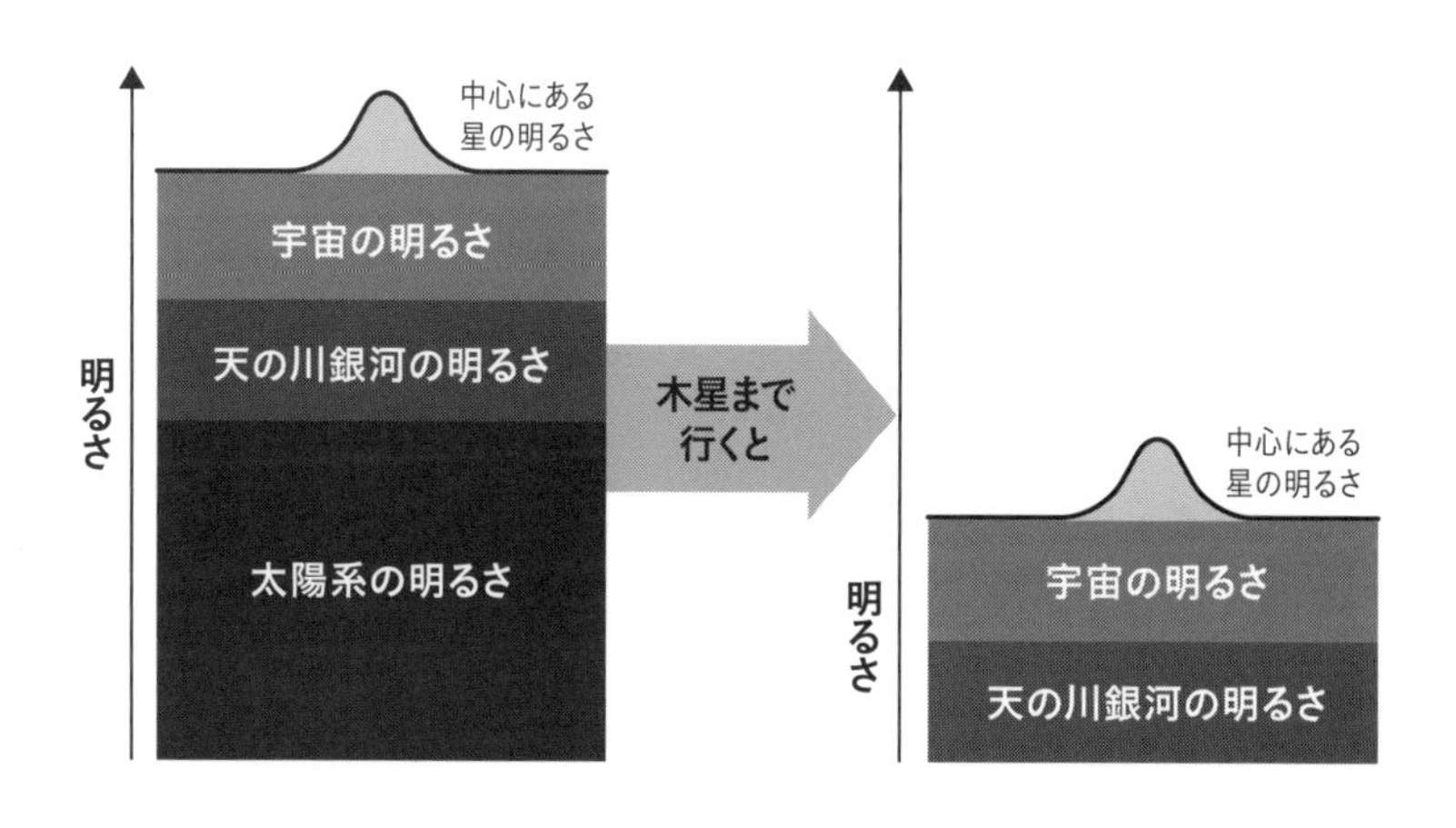

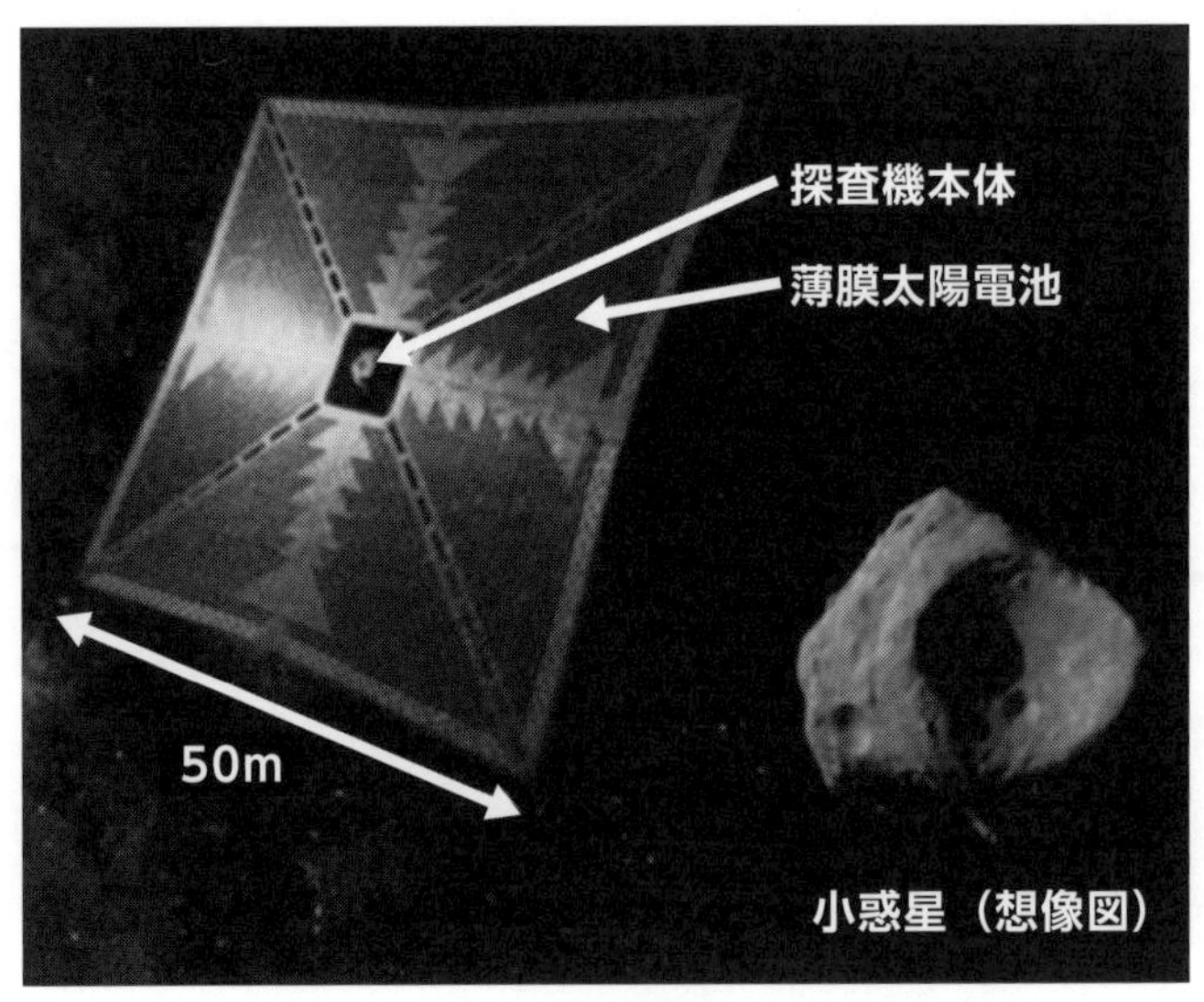

図 5−9：ソーラー電力セイル探査機

提供：JAXA

「宇宙の明るさ（暗さ）」の直接測定を行なおうという計画です。

このＥＸＺ－Ｔによる観測が実現できれば、「夜空の明るさ（暗さ）はどの程度なのだろう？」という本書のテーマに、完全な答えを提示することができるようになります。ＥＸＺ－Ｔが搭載される木星トロヤ群探査ミッションは、ソーラー電力セイルという技術を用いて、２０２０年代に実現させようと、現在いろいろと準備を進めているところですので、皆さんの応援を宜しくお願いします。

おわりに

本書を最後まで読んでいただきましてありがとうございました。本書のテーマである「オルバースのパラドックス」の謎解きを通して、広く天文学の面白さについて感じ取ってもらえたなら、とても嬉しく思います。

私が宇宙を面白いと感じたきっかけは高校の物理の授業でした。ニュートン力学を用いて身の周りの現象が鮮やかに説明されること、そしてそれは太陽系内の惑星の運行にも適用されることを授業で学び、物理、特に宇宙に興味を持つようになりました。そして宇宙についてもっと詳しく知りたいと思い、高校生でも手に取れる「宇宙に関する入門書」を色々と読み漁りました。その頃の中心的な話題は、本書でも登場したCOBE衛星による「宇宙マイクロ波背景放射（マイクロ波での宇宙の明るさ、本書5章参照）」の観測結果で、私が手にした多くの本の中でも、「宇宙の年齢が（当時の精度で）150億歳くらいに決まった！」という話題で持ちきりでした。それを読み、「宇宙がビッグバンで誕生したことには、ちゃんと証拠がある！」ということに衝撃を受けたのを覚えています。それがきっかけで大学では本格的に天文学を学びたいと思い、国内でも数少ない天文学専攻を有する東北大学に、はるばる神戸から進学することにしました。

このように高校生の時に自分の進路を決定付けたのは、当時の最先端の天文学を、（興味のある）高校生でも読めるほどにわかりやすく解説した何冊かの「宇宙に関する入門書」でした。本書も、誰かにとってのそんな一冊になれればという思いを込めて頑張って書いたつもりです。

本書のテーマである「オルバースのパラドックス」を知ったのは、天文学を学ぶ大学の学部生時代だったと思います。たしか大学の授業で出された演習問題で、本書の2章5節で紹介したような手法を用いて、無限に広がる星からの光で夜空が明るくなるはずであるということを数学的に計算して求めた記憶があります。「夜空が暗い」という、当たり前すぎて疑問にさえ思わない事柄が、実は深遠な宇宙の真理と結び付いているという事実を知り、とても驚いたことを覚えています。

おわりに

大学卒業後、私は東京大学の大学院生として、ＪＡＸＡ宇宙科学研究所にて研究生活を始めることになりました。大学院入試の結果が出て、所属することになる研究グループに入学前に挨拶に行った時に、松本敏雄名誉教授に呼ばれて「こんな面白い計画があるんだが一緒にやらないか」と誘っていただいたことがきっかけで、本書の5章4節でも紹介した、ＮＡＳＡの観測ロケットを用いて「近赤外線宇宙背景放射（近赤外線での宇宙の明るさ）」を測定するＣＩＢＥＲ計画に加えてもらい、それから10年以上が経った今でもこの研究テーマを追い続けています。

助教として約10年ぶりに東北大学に戻った２０１４年に、編集工房シラクサの畑中隆氏に「宇宙に関する入門書を書いてみないか」という話を頂いた時、まだ何も大きな研究成果を出していない自分なんかが本を書くことに大きな不安がありましたが、私自身が上述の通り「宇宙に関する入門書」によって進路を決めた人間なので、チャレンジしてみようという思いになりました。それから、メインの研究がおろそかにならないよう、研究が一段落ついた深夜の時間や休日の時間、出張中の移動の時間などを活用しながら、コツコツと書き始めました。

本書を執筆するにあたり頭を悩ませたのが、自分の専門分野をどういう切り口で一般向けの本として紹介しようかという点です。自分の研究テーマは上述の通り「近赤外線宇宙背景放射の観測」なのですが、これは天文学の中でもマニアックな部類に入る研究テーマなので、一般の人に興味を持ってもらえるような切り口がなかなか見つからず、自分が納得のいくようなものを書くことができませんでした。

そのような状況でなかば本の執筆自体を諦めかけていた頃に、自分の研究テーマを「宇宙の明るさの測定」と拡大解釈すれば、「オルバースのパラドックス」という一般の読者にとっても興味を持ってもらえる面白い話題と繋げられること、そしてむしろそれを本の主軸として、そこから派生して「赤外線やX線やマイクロ波での宇宙の明るさ」にまで話題を広げられれば、「宇宙の明るさ」を軸として広く天文学を学べる入門書にできるかもしれないと思い至りました。それが本書の誕生の瞬間です。たしか出張から帰る際の【暗い】夜空の下、仙台空港から駐車場に向かって歩いている最中だったと記憶しています。いったん本の軸をこのように決めることができれば、あとは比較的すらすらと書き進めることができました。

私がこのような本を書くことができたのは、今まで私の研究指導をしてくださった皆さまのお陰です。松本敏雄名誉教授(JAXA宇宙科学研究所)、松浦周二教授(関西学院大学)、和田武彦助教(JAXA宇宙科学研究所)をはじめ、研究指導や共同研究を通して今まで私の研究活動を支えてくださった方々に感謝します。全ての方の名前をここに書ききれないことをお許しください。

また、本書の初稿が書きあがった段階で、関西学院大学研究員の大井渚さん、東北大学の学生の鈴木元気さん、源治弥さん、濱田悠也さんには原稿を読んで有益なコメントを色々と頂きました。御礼申し上げます。ただし、本書に何か間違いがあった場合は全て著者である私の責任です。また、執筆が大幅に遅れながらも辛抱強く見守って頂けた編集工房シラクサの畑中隆氏とベレ出版の坂東一郎氏にも感謝します。

２０１６年12月

雪がちらつき始めた仙台にて

津村耕司

【参考文献】

[ref1]『夜空はなぜ暗い？ ―オルバースのパラドックスと宇宙論の変遷』（エドワード・ハリソン、長沢工監訳　地人書館、2004年）
[ref2]『シリーズ現代の天文学1 人類の住む宇宙』（岡村定矩ほか、日本評論社、2007年）
[ref3]『シリーズ現代の天文学6 星間物質と星形成』（福井康雄ほか、日本評論社、2008年）
[ref4]『シリーズ現代の天文学7 恒星』（野本憲一ほか、日本評論社、2009年）
[ref5]『シリーズ現代の天文学8 ブラックホールと高エネルギー現象』（小山勝二ほか、日本評論社、2007年）
[ref6]『星の古記録』（斉藤国治、岩波新書、1982年）
[ref7]『重力とは何か』（大栗博司、幻冬舎新書、2012年）
[ref8]『宇宙の始まり、そして終わり』（小松英一郎、川端裕人、日本経済新聞出版社、2015年）
[ref9]『星が「死ぬ」とはどういうことか』（田中雅臣、ベレ出版、2015年）
[ref10]『宇宙から恐怖がやってくる!』（フィリップ・プレイト、斉藤隆央訳　日本放送出版協会、2010年）
[ref11]『宇宙創成〈上・下〉』（サイモン・シン、青木薫訳　新潮文庫、2009年）

標準光源……83
不規則銀河……88
伏角……48
フラウンホーファー線……28
プラズマ……46
ブラックホール……130
プリズム……27
ヘリウム……30,72,122
変光星……84
棒渦巻銀河……88
ホーキング放射……140
星空保護区……44
北極星……17

マ行～ワ行

マゼラン星雲……86
マルチメッセンジャー天文学……150
ミー散乱……37
明夜……45
レイリー散乱……33
ロシュミット数……99
惑星……53
惑星状星雲……75

人物「姓名（太字）順」

アルバート・**アインシュタイン**……22,163
アリスタルコス……56,61
ロバート・**ウィルソン**……171
ウィリアム・**ウォラストン**……28
アーサー・**エディントン**……142
小田稔……139
ハインリッヒ・**オルバース**……95
ガリレオ・**ガリレイ**……23,58
ヨハネス・**ケプラー**……91
オットー・フォン・**ゲーリッケ**……93
ケルヴィン卿（→ウィリアム・トムソン）
ニコラウス・**コペルニクス**……56,91
ジャン・フィリップ・ロイ・ド・**シェゾー**……95
ピエール・**ジャンサン**……28
ブライアン・**シュミット**……169
ジョージ・**スムート**……171
キップ・**ソーン**……144
トーマス・**ディッグス**……91
ジョゼフ・**テイラー**……148
ウィリアム・**トムソン**（ケルヴィン卿）…161
アイザック・**ニュートン**……93,163
ウィリアム・**ハーシェル**……30
エドウィン・**ハッブル**……86,164
エドワード・**ハリソン**……7,162,188
ラッセル・**ハルス**……148
ソール・**パールマッター**……169
ヒッパルコス……17
ファビオ・**ファルチ**……38
ヨゼフ・フォン・**フラウンホーファー**……28
フリードリヒ・**ベッセル**……80
アーノ・**ペンジアス**……171
エドガー・アラン・**ポー**……173
フレッド・**ホイル**……169
スティーブン・**ホーキング**……140
ヘルマン・**ボンディ**……96
ジョン・**マザー**……171
ダビッド・**モルレー**……70
アダム・**リース**……169
ジョルジュ・**ルメートル**……164
オーレ・**レーマー**……23
ヨハン・**ロシュミット**……99
ノーマン・**ロッキャー**……28
若田光一……120

黄道光……127,180
光年……24
コーナーリフレクター……62
コロナ……46

サ行

三角測量……64
シーイング……80
ジェームズウェッブ宇宙望遠鏡……118
ジェット……137
紫外線……32
磁気偏角……48
視差……64,77
周期光度関係……85
主系列星……73
重力波……148
重力レンズ効果……142
状態変化……46
真空……22,72,99
人工衛星……38,115,131
すばる望遠鏡……45,118
スペクトル……27
赤外線……30
赤色巨星……74
赤方偏移……165
絶対温度……106,161
セファイド型変光星……85
セルシウス度……106
相対性理論……22,140,163
ソーラー電力セイル……182

タ行・ナ行

太陽……24,32,46,70
太陽系……18,53,61,180
太陽風……46
楕円銀河……88
ダークエネルギー（→暗黒エネルギー）
ダークマター（→暗黒物質）
ダークレーン……102
ダスト（→宇宙塵）
地磁気……47
地動説……54
中性子星……134,148
超新星爆発……75,151,168
潮汐力……64
天球……78,91,103
電磁波……25,32
天動説……59,103
電波……32
天文単位……66
等級……17
ドップラー効果……165
虹……27
日食……56,64,142
熱放射……106
年周視差……78
ノースポーラースパー……152

ハ行

背景限界距離……156
白色矮星……75,134
はくちょう座X−1……139
ハーシェル宇宙望遠鏡……118
パーセク……79
波長……25
ハッブル宇宙望遠鏡……118
ハッブルの法則……164
ハッブル分類……88
万有引力の法則……93
ビッグバン理論……169
ヒッパルコス衛星……80,158
秒角……79

《索引》

abc順

AGN（→活動銀河核）
CIBER……177
CMB（→宇宙マイクロ波背景放射）
COBE……171
ESA……80
EXZIT……180
IRAS……123
IRTS……120
ISO……125
JAXA……123
KAGRA……150
LIGO……149
NASA……62
OH夜光……50
M31（→アンドロメダ銀河）
SFU……120
SPICA……128
TMT……118
XDF……174
X線……32,139

アイウエオ順

ア行

あかり……123
アポロ計画……62
天の川……16
天の川銀河……18
暗黒エネルギー……168
暗黒時代……169
暗黒物質……169
アンドロメダ銀河……82,86
暗夜……45
インフレーション……23
渦巻銀河……88
宇宙項……164
宇宙塵……98
宇宙速度……115,131,132
宇宙の晴れ上がり……170
宇宙望遠鏡……115
宇宙マイクロ波背景放射……171
ウフル衛星……139
炎色反応……28
オリオン星雲……111
オルバースのパラドックス……3,96,172
オーロラ……46
温室効果……109

カ行

ガイア衛星……80
可視光……25
活動銀河……147
活動銀河核……147
ガリレオ衛星……23,25
ガンマ線……32
逆2乗の法則……83
逆行……54
銀河……18,81
銀河系（→天の川銀河）
金星の日面通過……68
金星の満ち欠け……59
月食……57
ケプラーの法則……66
ケルビン……106
光害……38
恒星……53
光速……22
降着円盤……137
光度……83

著者略歴

津村 耕司（つむら・こうじ）

1982年神戸市に生まれる。東北大学　学際科学フロンティア研究所　助教。天文学者。博士（理学）。2005年東北大学理学部宇宙地球物理学科（天文）卒業、2010年、東京大学大学院理学系研究科天文学専攻博士課程修了。宇宙航空研究開発機構（JAXA）宇宙科学研究所（ISAS）宇宙航空プロジェクト研究員などを経て現職。
大学院時代からJAXA/ISASにて、ロケット実験CIBERや赤外線天文衛星「あかり」などを用いて、宇宙赤外線背景放射（赤外線での宇宙の明るさ）の観測的研究に従事。CIBERの成功に対して、2014年9月にNASA Group Achievement Awardを受賞。宇宙科学の普及・教育活動にも尽力している。

宇宙（うちゅう）はなぜ「暗（くら）い」のか？

2017年1月25日　初版発行

著者	津村（つむら） 耕司（こうじ）
カバーデザイン／DTP	三枝未央
編集協力	編集工房シラクサ（畑中隆）
発行者	内田 真介
発行・発売	ベレ出版 〒162-0832　東京都新宿区岩戸町12 レベッカビル TEL.03-5225-4790 FAX.03-5225-4795 ホームページ　http://www.beret.co.jp/
印刷	モリモト印刷株式会社
製本	根本製本株式会社

ISBN 978-4-86064-501-4 C0044　　編集担当　坂東一郎